逆向思维

NIXIANG SIWEI

飞鱼文化 编著

电子科技大学出版社
University of Electronic Science and Technology of China Press
·成都·

图书在版编目（CIP）数据

逆向思维 / 飞鱼文化编著. -- 成都 : 成都电子科大出版社, 2024. 12. -- ISBN 978-7-5770-1381-7

Ⅰ. B804-49

中国国家版本馆 CIP 数据核字第 2024RZ2665 号

逆向思维

NIXIANG SIWEI

飞鱼文化　编著

策划编辑　段　勇　雷晓丽
责任编辑　郑宇虹
责任校对　雷晓丽
责任印制　梁　硕

出版发行　电子科技大学出版社
　　　　　成都市一环路东一段 159 号电子信息产业大厦九楼　邮编 610051
主　　页　www.uestcp.com.cn
服务电话　028-83203399
邮购电话　028-83201495

印　　刷　湖北鄂南新华印刷包装股份有限公司
成品尺寸　210 mm × 146 mm
印　　张　8.5
字　　数　128 千字
版　　次　2024 年 12 月第 1 版
印　　次　2024 年 12 月第 1 次印刷
书　　号　ISBN 978-7-5770-1381-7
定　　价　79.80 元

目录
CONTENTS

拆掉思维的墙
开启智慧之窗

转换视角

徐文长智过竹桥

1

明朝有位著名的文学家和书画家，名叫徐文长。

徐文长小时候聪明过人。一天，伯父带着徐文长在花园里游玩。花园中有一座窄窄的竹桥，桥身轻轻浮在水面上。伯父突然心生一计，决定给徐文长出个难题。他指着旁边两只装满水的水桶，告诉徐文长："文长，今天伯父想考考你。如果你能双脚不沾水，提着这两桶水走过这座竹桥，就会得到一件礼物。"

徐文长认真看了看水桶，又望了望竹桥。他意识到，装满水的水桶十分沉重，如果提着两桶水走上竹桥，竹桥肯定会沉没在水中，双脚必定沾水。

思索片刻后，徐文长脱下鞋子，挽起衣袖，先用两根绳子分别把两只水桶系住，然后把装满水的水桶小心翼翼地放入水中，他则握住绳子的另一端走在竹桥上，将水桶轻松牵了过去。

伯父见状，不禁拍手称赞："文长真是机智过人！"

惯性思维	冲突点	逆向思维
直接提水桶过桥，桥承受了太大的重量会沉入水中，双脚必定沾水	需提水桶过桥，但桥不能承重	利用水的浮力托着两桶水，再牵着水桶轻松走过竹桥

没想到吧

徐文长面对"如何提水桶过桥，双脚不沾水"的难题，巧妙地转换视角，将其变为"如何不让水桶成为过桥的负担"，最终成功解决难题。

刚开始学外语时，你可能会觉得很难。这时，也可以运用"转换视角"的策略，通过看外语动画片、外语电影，听外语歌曲等方式，变"学外语"为"用外语娱乐"，来激发自己的兴趣。

转换视角

用象粪造纸

2

在斯里兰卡有一个大象孤儿院，专门救助受伤或者身患疾病的大象。起初，这里仅有寥寥几头大象，可随着时间的推移，大象数量逐渐增多，一个棘手的问题也随之出现，那就是如何处理大象每天产生的粪便。

一头成年大象每天能排出一百多千克的粪便，处理象粪成了一件麻烦事。堆积如山且臭气熏天的象粪严重影响了环境，引来了诸多投诉，院长为此愁眉不展。

院长的一位朋友听说此事后，说："象粪作为垃圾，清理起来确实麻烦，何不想想象粪有没有其他作用呢？"

院长茅塞顿开，开始思考象粪的潜在价值。由于象粪富含植物纤维，或许可以利用这些纤维做点什么。

经过一系列的研究和实验，院长终于找到了解决方案：利用象粪中的植物纤维来制造纸张。这一创新举措不仅解决了象粪的处理难题，还带来了新的收入，同时使大象孤儿院的环境得到极大改善。

惯性思维	冲突点	逆向思维
找人运走，耗时又费钱，如果清理不及时还会污染环境	象粪堆积如山，难以清理	用象粪造纸，不仅能处理象粪，还能增加收入

没想到吧

废物，是放错地方的资源。我们应该学会转换视角，不能一味因苦恼事物的负面影响，而忽略了其潜在价值。院长正是将视角从“如何处理象粪”转换为“这些象粪有什么潜在用途”，最后既解决了实际问题，又实现了资源的再利用。

参加科技创新活动时，我们可以将视角从设计产品转换为解决问题，考虑不同年龄、不同职业人群的需求，设计出更具实用性和创新性的产品。

一文钱卖牛

3

一对农夫父子牵着牛，抱着鸡走在通往集市的路上。一条宽阔的河流横在面前，而父子俩身无分文，摆渡的船夫不肯渡他们过去。

“好心人，请您发发慈悲，渡我们过河吧。”农夫恳求道。船夫看了看他们的牛，眼珠一转，狡黠地说：“如果你们答应把卖牛所得的钱给我，我就渡你们过河。”农夫一听，愁容满面，这卖牛的钱可是一笔不小的数目啊！可没想到，农夫的儿子不假思索地答应了下来。

父子俩过了河，来到集市上。农夫的儿子吆喝起来:“一文钱卖牛，二两银子卖鸡。一起卖，不拆分！”这价格极其便宜的牛和贵得令人难以置信的鸡很快引起了大家的注意。但由于它们的总价比别人的便宜了不少，所以很快就卖掉了。

当农夫父子将卖牛所得的一文钱交给船夫时，船夫气得捶胸顿足，却也无可奈何，只能拿着钱灰溜溜地走了。

惯性思维	冲突点	逆向思维
恳求让步，成功的可能性比较小；自认倒霉，则损失有点儿大	想要过河，但被船夫趁火打劫	通盘考虑，捆绑销售，既能过河，又巧妙地应对了船夫的趁火打劫

没想到吧

通盘考虑是在复杂世界中寻求最优解的智慧钥匙。农夫的儿子从总价的角度思考对策，打破了“牛是牛的价、鸡是鸡的价”的常规思维，巧妙地避开了船夫处心积虑设置的陷阱。

玩棋类游戏是需要通盘考虑的典例之一。你需要考虑整个棋盘的局势，每一步棋的决策都不能局限于单个棋子的得失，要从全局出发，做出通盘考虑。

化静为动

长脚的家产

④

一场突如其来的战争打破了小镇居民平静的生活。战火迅速蔓延，居民们纷纷决定逃离这片土地。由于战争的威胁越来越大，大家的撤离计划变得愈发紧迫。

其中一个大户人家也不例外。他们家产颇丰，难以割舍的东西太多，父亲感到十分焦虑，不知道该如何处理。于是，他把子女们召集起来商讨对策。大哥建议把家产都换成金银珠宝，因为方便携带。二哥则主张将所有的家产换成银票，因为更轻便。小弟却摇摇头说："不如将大部分家产换成马。马不仅能承载我们的财物，还能作为交通工具，帮助我们更快逃离危险。而且，当我们抵达安全地点后，还可以把马卖掉，换回现金。"

大家听后，都觉得小弟的建议颇有道理。于是，他们将大部分家产换成马，带着马出发了。由于马强壮耐劳，且没有沉重的行李物品，这一家人迅速抵达了一个安全的地方。

惯性思维	冲突点	逆向思维
携款撤离，但容易遭受打劫，半路生变的可能性很大	想安全逃离，但家产携带不便	化静为动，把大部分家产换成马，快速、安全地撤离

没想到吧

静如山，动如风。没有长脚的家产如山般沉重，长了脚的马如风般灵活。小弟巧妙运用“化静为动”的策略，将家产换成马，既解决了撤离中的实际困难，又为未来换回现金创造了可能性。

如果你们一家人既想体验旅行的快乐，又需要携带繁重的行李，不妨选择租赁一辆宽敞舒适的房车作为移动居所，化静为动，这样旅途会更顺心。

孙子立大功

5

有一个老园丁，他的工作是为人打理私家花园。他真是个打理花园的高手，草坪被修剪得整整齐齐，花儿开得绚烂无比。因此，这座花园吸引了很多人前来观赏、散步。但随之而来的，是满地的垃圾。游人把花园糟蹋得凌乱不堪。

为此，老园丁只好在花园四周围上篱笆，并立了一块木牌，上面写着："私家园林，禁止入内。"

但大家对这块木牌视若无睹，老园丁只好又在后面加了四个字："违者重罚"。

很快，老园丁就发现这依旧不能阻止人们进入。这下，老园丁真的没辙了。

一天，老园丁的孙子悄悄地在花园门口立了一块新牌子。奇怪的是，从这天起，花园再次恢复了往日的宁静。

原来，新的警示牌上写着：“毒蛇出没，请小心！急救请前往 ××医院，车程 30 分钟。”

惯性思维	冲突点	逆向思维
从自己的角度思考，禁止、惩罚，但容易激起对方的逆反心理	私家花园总是被人闯入	从对方的角度思考，提醒、提示，让闯入者自觉撤离

没想到吧

没有人会漠视自己的利益。劝说别人时，可以从对方的角度出发，让对方意识到有潜在危险，他们就会主动采取行动。

在拥挤的火车上，假如你需要端着刚泡好的泡面穿过车厢，一声“让一让，谢谢”未引起重视。这时，若换个角度，提醒一句“小心热水，谨防烫伤”，那些乘客则会因担忧自身安危而迅速让道。

先发制人

卓别林的谎言

6

喜剧大师卓别林带着一箱钱坐在汽车里。突然，一个持手枪的蒙面歹徒截住了汽车，要求卓别林把钱交出来。

卓别林下了车，老老实实地放下箱子，对歹徒说："兄弟，这钱全部给你。但你能不能在我帽子上开几枪？这样我就能向老板证明我是被打劫，而不是私吞了这箱钱。"

歹徒笑了笑，答应配合卓别林的"表演"。他朝卓别林的帽子开了两枪。之后，卓别林又脱下外套说："兄弟，再朝我的外套开几枪，这样我的老板将更加深信不疑。"

歹徒虽然有些不耐烦，但还是照做了。

"干得漂亮，兄弟，再对着我的裤子开几枪！"卓别林又提出了新要求。

“你有完没完了？”歹徒虽然很不耐烦，但他还是把枪口对准了卓别林的裤子。然而，他连扣几下扳机都没有射出子弹。

这时，卓别林眼疾手快，一把夺过钱箱，跳上汽车，绝尘而去。

惯性思维	冲突点	逆向思维
花钱消灾，但钱财受损；硬杠到底，但有生命危险	携带钱财出门，遇到歹徒抢劫	把歹徒的子弹用掉，解除其威胁，保护人身和钱财安全

没想到吧

占据先机，方能解除最大威胁。机智的卓别林正是先发制人，用光了歹徒的子弹，使得歹徒手枪的危险指数从 100 降为 0，从而巧妙消除危机。

同理，在生活中，当权益受到侵犯时，我们一方面要从容不迫，冷静应对；另一方面可搜集证据，向有关部门进行举报，占据先机。

倒着进城

有个人叫阿土。一次，阿土家有人生病，他急匆匆地拿着银子准备进城去买药。

可阿土来到城门口才知道，这天是县令的生辰，为防止有人捣乱，城里实施了只出不进的禁令。看着城里的人陆续走出来，自己却进不去，而家里的病人又等着用药，阿土可真是急得团团转。

过了一会儿，阿土渐渐冷静下来，他决定悄悄地在城门外躲起来，等待机会。机会来了！趁守城的士兵不注意时，阿土迅速靠近城门，面向城外，跟着出城的队伍假装往前走。走着走着，他突然“哎哟”一声，吸引了士兵的注意。阿土捂着肚子，装作痛苦不堪的样子说："大人，小人本想出城去看亲戚，不料肚子突然疼得厉害，劳烦大人放我回去找大夫瞧瞧。"士兵挥了挥手，让他进去。于是，阿土捂着肚子，转身缓步向城里走去。最终，阿土成功买到了药。

惯性思维	冲突点	逆向思维
放弃，那就买不到药；硬闯，很可能被士兵关押	想进城，但有只出不进的禁令	假装遇事无法出城，只能退回去，从而达到进城的目的

没想到吧

阿土故意混入人群，制造出城的假象，以此掩盖自己想要进城的真实目的。随后又借着肚子疼的名义，成功绕过禁令进了城。

当你独自在家，发现有陌生人在你家门口徘徊时，可以制造家中有成年人的假象来震慑对方。你可以尝试对着门口大声说："爸爸，帮我看看这道题好吗？"然后迅速拨打电话，寻求成年人的帮助。

仆人打老爷

8

从前，有个老爷雇佣仆人干活，却不给仆人发工钱。

每到发工钱的日子，老爷就躺在床上，让仆人给他盖被子，还要求必须把头和脚全盖住，否则就不给工钱。然而这床被子，盖得住头就盖不住脚，盖得住脚就盖不住头，所以他每次都不用发工钱。

有个叫查克的男子听说后，打算好好教训一下这个老爷，便主动前往老爷家做工。

到了发工钱这天，老爷照例躺下来，命令查克给自己盖被子。查克用被子盖住老爷的脚，老爷生气地吼道："你没看到我的头还露在外面吗？"查克赶紧给他盖住头，他又喊起来："你没看到我的脚露出来了吗？"

查克冷笑几声，拿起事先准备好的木棍，朝老爷的两只脚狠狠打去。老爷疼得瞬间把脚缩了回去。查克立刻把被子按住，问道：“这下不露头，也不露脚了吧？”老爷怕挨打，只好乖乖地给查克发了工钱。

惯性思维	冲突点	逆向思维
被子短，无法同时盖住头和脚，拿不到工钱	想要工钱，但被老爷故意刁难	主动攻击，使老爷蜷缩进被子，成功拿到工钱

没想到吧

行动改变未来，被动只能等待。老爷借盖被子一事，将工钱的发放权控制在自己手中。而查克通过主动采取措施，打破这一被动局面，成功解决了问题。

如果你和好朋友闹别扭了，对方不理你，而你又想修复你们两人之间的关系，那你可以化被动为主动，积极迈出化解矛盾的第一步。

只贷 1 美元的富豪

一个衣着光鲜亮丽、气宇不凡的富豪走进一家银行，来到贷款柜台前，从容地坐了下来。

“先生，请问有什么可以为您效劳的吗？”贷款部经理问道。

“我想贷一点儿钱。”

“当然可以，您打算贷多少呢？”

“1 美元，可以吗？”

“当然可以，只要有担保，无论借多少都可以。年息 6%，一年后归还本金和利息，便可把抵押的东西取回。”

富豪从皮包里取出价值不菲的股票、债券作为抵押，办理好手续后，拿着借贷的 1 美元，在银行经理疑惑的目光中，悠然地走出了银行。

银行经理没有想明白的是，同样是把巨额财物寄存在这家银行，贷款 1 美元的年息只需 6 美分，这可比保险柜的租金便宜多了！

惯性思维	冲突点	逆向思维
找别的存储机构，价格低一些，但安全性没有保障	要寄存巨额财物，但保险柜租金贵	贷款一美元，把巨额财物以抵押物的形式保存在银行

没想到吧

一般情况下，人们会通过租赁保险柜的方式将巨额财产交给银行主动保管。然而，富豪却通过贷 1 美元的方式，以股票、债券作抵押，以最小的成本获得了银行的被动保管服务。

在生活中，如若我们的爸爸妈妈开车出行玩乐时找不到免费的停车场，那么不妨去一个消费后，凭小票可减免停车费的商场停车。这样既不耽误玩乐，又节省了停车费。

空酒瓶里变出“酒”

从前，有个爱财如命又爱耍小聪明的张老爷。

一天，张老爷把家里的小伙计八娃子叫来，给了他两个空酒瓶，说：“你去给我买两瓶酒来。”八娃子小声问：“好的，老爷，但您是不是忘了给我买酒钱？”张老爷生气地说：“如果买酒还要花钱的话，那我何必让你去？不花钱能买到酒才算有真本事。”

八娃子听了，只能苦着脸，拿着空瓶子，在心里骂骂咧咧地出了门。

没多久，八娃子回到了家。张老爷喜滋滋地接过酒瓶一看，里面竟然是空的，他气得脸都绿了，大声训斥道：“酒呢？”

八娃子不慌不忙地说："老爷，如果瓶子里有酒，谁不会喝？能在空酒瓶里喝到酒才算是真本事呢！"张老爷虽然气得胡子翘起，但也哑口无言了。

惯性思维	冲突点	逆向思维
想办法满足，但需要自掏腰包，导致自己吃亏	老爷想"不花钱买酒"	既然老爷要求"不花钱买酒"，就让他"无酒硬喝"

没想到吧

面对无理的要求，只要保持冷静，崩溃的就不会是你。面对张老爷"不花钱买酒"这种无理的要求，八娃子懂得用"无理"打败"无理"，让张老爷陷入自相矛盾的境地。

如果有人向你提出超出合理范围的要求，那你可以反向对对方提出类似要求，迫使他理解这种要求的不合理性。

搬家总动员

某历史悠久的市图书馆要从旧馆搬迁至新馆。旧馆藏书达 1 300 多万册，搬运费预估高达 350 万，远远超出图书馆的预算。眼看雨季将至，如果不尽快把书搬走，图书馆将面临书籍潮湿发霉的风险。

正当馆长苦恼不已时，一位图书馆工作人员找到他说："馆长，我有一个办法，150 万就能完成搬迁。""你确定吗？"馆长感到不可思议。"十分确定！但我有一个条件，如果这 150 万有结余，那么结余的钱归我所有。"该工作人员说。馆长不假思索就答应了，因为他认为仅 150 万不可能完成如此大规模的搬运工作。

然而，令馆长万万没有想到的是，这位工作人员仅用 150 万的零头就圆满完成了全部搬运工作。

原来，他在报纸上刊登了一则公告："即日起，市图书馆免费向广大市民开放借阅，但因图书馆迁址，请借阅者将书归还至新馆……"

惯性思维	冲突点	逆向思维
靠自有力量分批搬运，但费用高，且雨季将至，书籍有发霉的风险	图书馆搬迁，但预算不够	刊登广告，发动市民免费从旧馆借阅，归还至新馆

没想到吧

巧借外力，四两也能拨千斤。原本预计花费350万才能完成的搬运工作，聪明的图书馆工作人员借助无数市民的力量，仅用150万的零头就轻松搞定。这提醒我们：当尽力时则尽力，尽力的同时还要学会借力。

作为新时代的学生，我们应当拥有借力的智慧。借同学的力，团结互助；借老师的力，获得指导；借科技的力，查找资料，提升效率。

牛皮鞋的传说

很久很久以前，世上还没有鞋，人们都是光脚走路。

有一位行事十分荒诞的国王到偏远的乡间出巡，那里的道路崎岖不平，碎石遍地，硌得他的脚又痛又麻。回到王宫后，国王立刻下令将全国所有的道路都铺上一层牛皮。

这项工程实在太过庞大，不仅需要巨额金钱开支，更是对资源的极大浪费。而且，即使杀光所有的牛，也难以筹集足够的皮革。尽管人们认为这个命令荒谬至极，但又不敢违抗国王的旨意，只能无奈地摇头叹息。

一筹莫展之际，一个聪明的仆人鼓起勇气向国王提出了一个大胆的建议："英明的国王啊，与其用牛皮铺路，不如用牛皮裹脚啊！”

国王听闻后大为惊讶，但仔细思索后，觉得这个主意不失为妙计。他立即收回了用牛皮铺路的命令，采纳了这个仆人的建议。

惯性思维	冲突点	逆向思维
碎石路硌脚，改变路，将所有的道路都铺上牛皮，但耗资巨大	想舒适地走路，但碎石硌脚	改变自己，用牛皮裹脚，使脚适应难走的路

没想到吧

改变不了风向，那就调整自己的风帆。道路漫长，想要将其全部铺上牛皮，实在是不可能之事，而脚很小，裹上牛皮便能适应难行之路。与其“愚公移山”般地改变外界，不如“反求诸己”，改变自己。

假如有同学希望在午休时开灯复习，而你希望关上灯休息片刻。如果执着于灯的开关问题，往往会引起同学的不快。但若你戴上眼罩，问题便迎刃而解。

爱迪生巧测容积

13

科学家爱迪生有一个助手叫阿普顿。阿普顿是普林斯顿大学数学系的高材生，且在德国深造过，数学知识十分丰富。

有一次，爱迪生把一只电灯泡的玻璃壳交给阿普顿，要他计算灯泡的容积。

阿普顿看着梨形的灯泡壳，思索片刻后，拿出尺子上下量了量，左右测了测。接着，他画出灯泡壳的剖视图、立体图，作出一条条复杂的曲线，测量一个个数据，列出一道道算式。

几个小时过去了，爱迪生一直没等到结果，只好出来找阿普顿。阿普顿丧气地对爱迪生说："灯泡的形状太特别了，我实在想不到该用什么公式来计算它的容积。”

爱迪生听了，拿过灯泡壳，往里面装满水，再把水倒进量杯，不到一分钟，就把灯泡的容积“算”出来了。

惯性思维	冲突点	逆向思维
测量灯泡尺寸，用公式计算。既不好测量，又无可用于计算的公式	想计算灯泡的容积，但无从下手	把灯泡壳装满水，将水倒入量杯，水的体积即灯泡的容积

没想到吧

简单，是复杂的最终呈现形式。爱迪生在测量灯泡容积时化繁为简，不依赖公式，避开复杂计算，选择了一种简单直接的方式。

我们在学习时，也可以运用这种策略。通过制作思维导图来简化复杂的信息。思维导图以图形化的方式简化知识，帮助我们理清思路、识别关键点，让理解和记忆变得更加容易。

一群博士的尴尬

14

有个小学生为了增长知识，误打误撞进了一个博士研究生的讨论群。

一进群就看到几个人在闲聊，聊着聊着，突然有人问道："如果有一滴水从一万米的高空自由落体下来，会不会有很大的冲击力？会把人砸死或者砸伤吗？"

这个问题立刻吸引了所有人的注意，群里一下子就热闹了起来。有人提到重力会让水滴速度越来越快，冲击力很强；有人则认为空气阻力会让水滴速度逐渐变慢，冲击力减弱；还有人摆出了各种公式……

大家讨论了足足一个小时，都没有得到一个一致认可的答案。

就在这时，小学生问了一句：“你们……没有淋过雨吗？”

原本热闹的群瞬间沉寂了下来。

惯性思维	冲突点	逆向思维
利用公式精密地计算，但需要考虑很多因素，难算出结果	要验证一滴水从高空落下的冲击力	从基本的生活常识中寻找答案，化繁为简，问题迎刃而解

没想到吧

有时，最深刻的见解往往来源于最朴素的观察。学识渊博的博士们往往被繁复的理论和公式所困，却忽视了实际生活中的基本经验和常识。

许多问题的答案其实就蕴藏在我们的日常生活中。例如，比较声音和光的速度，不必依靠复杂的科学测量，先目睹闪电，后听到雷声这一日常现象就能直观地揭示答案。

戈尔迪乌姆之结

15

公元前334年，亚历山大大帝率领大军来到小亚细亚北部的戈尔迪乌姆。这座城市以宙斯神庙而闻名，神庙中有一辆献给宙斯的古老战车，车轭和车辕之间缠绕着一个神秘的绳结，即传说中的戈尔迪乌姆之结。

根据传说，能够解开这个绳结的人将成为亚细亚的霸主。然而，几百年来，这个绳结难倒了无数智者和巧匠。

年轻的亚历山大对戈尔迪乌姆之结充满好奇。他站在神庙中，看着那辆古老的战车和如谜般的绳结，心中涌起探究的冲动。但他很快发现，这个绳结不仅错综复杂，而且没有明显的绳头和绳尾，想要手动解开它几乎是不可能完成的任务。

亚历山大凝视着那复杂的绳结，猛地从腰间抽出宝剑，手起剑落，将戈尔迪乌姆之结一分为二。

在场的人们先是惊愕不已，随后爆发出震天的掌声和欢呼声。

惯性思维	冲突点	逆向思维
按照绳结本身的缠绕方式去逐步解开，但几百年来无人成功	想解开绳结，但绳结错综复杂	既然找不到绳头和绳尾，说明无法手动解开，那就用剑斩断

\没想到吧/

这个绳结的复杂结构使得人们认为只有通过复杂的方法才能将其解开。然而，亚历山大没有被表象困扰，以最直观、最简单的方式解决了问题。

有时候，最简单的方法往往最有效。就如同背诵古诗，不必追寻那些奇特却复杂的记忆法。运用艾宾浩斯记忆法，每天背诵几首，进行多轮重复，就能将古诗深深地印在脑海中。

向劫匪乞讨

16

一次，汤姆外出。当时天色已晚，路上行人很少，而他的旧大衣里装着 2 000 美元。

走着走着，汤姆察觉到身后有个戴着鸭舌帽的高大身影悄悄地跟着自己。他加快脚步，想要摆脱这位“不速之客”，但那人却紧随其后，怎么也甩不掉。汤姆心跳加速，他意识到自己可能正面临危险——劫匪抢劫。

汤姆一连走了几条巷子，都无法摆脱这个壮汉。突然，他掉转头朝着壮汉走去。只听他用颤抖而绝望的声音对那个壮汉说：“先生，请行行好，可怜可怜我，给我点儿钱，让我买个面包吧！我快饿晕了。”

那壮汉先是一愣，随后上下打量了汤姆一番，嘟囔道："真够倒霉的！遇上了一个穷光蛋！"说着，壮汉从口袋里摸出一点儿零钱递给汤姆，然后失望地走了。

惯性思维	冲突点	逆向思维
把钱交出来或者求放过，但不是损失财物就是遭受攻击	被劫匪尾随，想要脱身	假装乞丐，使劫匪以为自己判断失误，从而打消抢劫的念头

\没想到吧/

智者以巧制强。汤姆通过将自己伪装成穷困潦倒的乞丐，使对方打消了抢劫的念头，最终避免了潜在的危险。

当你与同学意见不合时，如果大家态度都很强硬，就很容易引发矛盾。我们可以先耐心倾听对方的观点，然后用事实和道理来巧妙地阐述自己的想法。让对方更易接受，从而智慧地实现以巧制强。

利用短处

最坚固的玻璃大门

17

学校大厅的铁门终于不堪摧残，出现了缝隙。自安装以来，它就频繁遭到学生们有意无意的“亲密接触”，用脚开门、关门已经成了他们不经意间养成的习惯了。

教导员对此忧心忡忡，他尝试了各种方法，如在大会上提醒，在门上张贴“轻开轻关”的温馨提示，但似乎都未能触动学生们的心弦。

门被损坏的那天，教导员找到校长，提议换上一扇更厚的铁门，阻止那些有意无意的伤害。然而，校长却微笑着摇了摇头，表示已有更巧妙的安排。

不久，一扇崭新的玻璃门取代了伤痕累累的铁门。一开始，大家都颇为不解：玻璃可是需要轻拿轻放的易碎品，连铁门都承受不了的“亲密接触”，玻璃门能承受得住吗？

令人惊奇的是，自从安装了这扇玻璃门以后，学生们进出都格外小心，它也未受到过任何伤害。

惯性思维	冲突点	逆向思维
提醒大家轻开轻关，或者换上更坚固的铁门	铁门总是遭到暴力破坏	换成易碎的玻璃门，促使他人小心对待

没想到吧

防不胜防时，不妨不设防。越坚固者，越有人要同它试软硬；越脆弱者，越有人用心呵护。就像校长利用玻璃门的脆弱性故意示弱，从而换来了学生们的小心对待。

人亦如此，如果你将自己打造成“钢铁之躯”，往往会招来更多冲突。所以，与人相处时，保持谦逊，不要咄咄逼人；需要帮助时，主动求助，别故作坚强。

激活本能

将军枪击溺水士兵

18

一个阳光明媚的午后，一位将军骑着高头大马缓缓巡视着他的英勇部队。

突然，他注意到一群士兵围在湖边，紧张地注视着湖中心。原来，一名士兵不慎落水，正惊慌失措地在水中扑腾，眼看就要被湖水吞没。

将军好奇地问身旁的一个小士兵："你们为什么不去救他？""将军，除了他，我们都不会游泳，而他现在好像吓得忘记怎么游了。"

将军低头沉思片刻后，猛地拔出佩枪，对着湖面大声喊道："士兵，我以将军之名命令你立刻游回来！否则，我将视你为逃兵，就地正法！"话音刚落，"啪！啪！"两声响亮的枪声划破天际。

湖中的士兵被这突如其来的命令和枪声吓得一激灵，不知从哪儿来了好多力气，拼命往回游，不一会儿，他就游到了岸边。大家连忙上前，一起将他拉上了岸。

惯性思维	冲突点	逆向思维
找其他人来救援，但时间紧急，大概率不会成功	会游泳的士兵溺水，命悬一线	利用权威和险境，逼迫其燃起自救意识，脱离险境

没想到吧

求生的本能如同我们内心深处的狮子，只在危机时刻觉醒。在这个故事中，士兵求生的本能救了他自己，而将军则激活了士兵求生的本能。

如果你和同学合作完成一项任务，但对方动力不足，不能专心投入，这时你可以用一些巧计激发他（她）的本能。比如，对“吃货”同学用美食诱惑，对好面子的同学用美言夸赞。

换个角度

五岁的租客

19

有一个三口之家，家里有爸爸、妈妈和五岁的儿子。为了方便大人工作，他们打算在城里租一套房子。

夫妻俩一刻不停地到处看房，但是那些房子要么面积不合适，要么采光不理想，要么交通不方便。

傍晚时分，筋疲力尽的他们终于发现了一套近乎完美的房子。然而，当房东听说他们还带着孩子时，眉头微微一皱，说："对不起，我们的房子不租给带孩子的租客。"

夫妻俩好不容易燃起的希望又破灭了。就在他们整理好心情准备继续物色好房子时，电话响了，是刚刚拒绝他们的房东打来的。房东说："我同意将房子租给你们，因为你们的孩子给的理由让我无法拒绝。"

原来，他们的孩子趁着父母不注意，找到房东，说了一番让人捧腹的话：“老爷爷，这套房子可以租给我吗？我不是带孩子的租客，我带了两个大人——我的爸爸和妈妈。”

惯性思维	冲突点	逆向思维
出高价，苦苦求情，或者解释孩子很听话，但难以说服房东	想租房，但房东拒绝带娃租客	换个角度，换种方式求租，成功说服房东，租下房子

没想到吧

换个角度看问题，路的旁边还有路。当夫妻俩希望破灭，认为此路不通时，孩子却巧妙地开辟了新途径，给解决问题带来了全新的方案。

当你考试失利时，不必过于纠结一时的失败。换个角度看，这可能是在帮助你发现当前学习的不足之处。再者，每排除一个错误答案，不就离正确的答案又近了一些吗？

翻个面试试

晚上，有一位记者正在台灯下拼凑一堆散乱的纸片。

这些并非普通的纸片，而是他紧急撕下的稿纸，上面原本记录着难得的名家采访内容。不料，同事误以为它是废纸，随手撕碎了。现在，记者满眼通红，在台灯下试图将这些零乱不堪的纸片拼凑完整。但这简直是场记忆大挑战，他必须依靠零星的记忆和碎片上的线索来完成拼图，所以进度十分缓慢。

就在这时，记者的小儿子跑了过来。他好奇地问："爸爸，你在玩拼图吗？"记者解释道："不，我在工作。"

小儿子却拿起一张碎片，递给爸爸，说："这明明就是拼图呀。"

记者低头一看，发现碎片背面竟然印着一个人的头像。

他灵光一闪，想到可以通过拼凑人像来复原采访稿。于是，记者迅速翻转所有碎片，将人像拼凑好，很快就把采访稿复原了。

惯性思维	冲突点	逆向思维
按照采访稿上的文字内容拼凑纸片，但要花费很长的时间	采访稿被撕成碎片，难以恢复	换个角度，翻转纸张，根据背面的人像，迅速拼好稿件

没想到吧

角度决定视野，视野决定格局。对于同样的一张纸，记者看到的是被撕成碎片的采访稿，而小儿子看到的却是被打乱的拼图。

考试时答错的题、丢失的分，很可能会让你感到沮丧。但换个角度来看，这些其实是自我检测的宝贵机会。每发现一个错误，就意味着我们向正确的方向迈进了一步；每失去一分，都为我们提供了一个弥补的机会。

飞机上的汉堡新吃法

有一家航空公司提供的飞机餐是汉堡。为了保证汉堡口感，工作人员会在发餐前将肉饼和汉堡包胚放入电烤箱加热，然后夹入爽口的蔬菜，再送到乘客手上。

然而，当遇到大型机型时，飞机上乘客众多，组装汉堡会耗费大量的人力和时间。可如果事先将汉堡组装好再加热，蔬菜会失去清脆的口感，且蔬菜的水分还会渗透到汉堡包胚上，致使汉堡口感变差。

到底应该怎么做呢？航空公司的负责人田中感到非常苦恼。

一天，田中来到一家汉堡店，看到一个小顾客在好奇地翻动汉堡包胚和肉饼。他灵机一动：如果让乘客自己组装汉堡，不就能保证蔬菜的爽脆口感了吗？

最后，航空公司决定这样做：汉堡包胚和肉饼仍然在机舱厨房内加热，蔬菜则独立包装，让乘客自己夹到汉堡中。

惯性思维	冲突点	逆向思维
增加人手或者直接放弃配餐中的汉堡	汉堡口感和组装时间不能兼得	让乘客分担组装汉堡的工作，既能保证口感，又不耽误时间

没想到吧

相互补台，好戏连台。航空公司通过让乘客分担汉堡的组装工作，不仅解决了蔬菜口感和人力资源不足的问题，还提升了乘客的用餐体验。

假如老师让你策划一场活动，孤军奋战可能会让你感到头疼不已。但如果集结所有与活动相关的同学，集思广益，群策群力，最后的成果必定会超出你的预想。

老鼠“穿线工”

在一座拔地而起的大楼施工现场，工程队遭遇了一个难题。难题出在电梯安装的关键一环：有一根电线必须穿过一根埋在墙里、直径仅3厘米，长度达10米的弯弯曲曲的管道。

为此，穿线弹簧、穿线润滑剂轮番“上阵”，但都无济于事，因为管道弯道太多了。无奈之下，工程队决定拆除管道，可这一方案既费时又费力。

就在大家一筹莫展时，一个工人兴冲冲地拎着一只小老鼠走了过来。大家丈二和尚——摸不着头脑，只见那工人将电线绑在了小老鼠的身上，然后把这只不情愿的小老鼠放进了管

道一端。接着，他在管道口点燃了一串鞭炮，震耳欲聋的爆炸声吓得老鼠快速逃跑，最终成功地将电线从另一端拖了出来。

就这样，在老鼠“穿线工”的帮助下，工程队的大麻烦迎刃而解。

惯性思维	冲突点	逆向思维
思考将电线穿过管道的办法，或者干脆拆除管道，但费时费力	要把电线穿过又细又长的管道	借用外力，让老鼠带着电线穿过管道，快速又便捷

没想到吧

并非凡事都要靠自己，有时可以巧妙借力。正如工人巧借老鼠的力量，成功解决了穿线难题。

我们在自学一门技艺时，可能会经历一段进步缓慢的时期。此时，寻求一位经验丰富的老师或教练进行指导，不失为明智之举。他们不仅能提供专业的指导和反馈，还能帮我们发现并纠正潜在问题，加快进步。

向“破坏大王”伸援手

从前，国外有一所声名显赫的学校，那里的学生成绩优异，家境优渥。然而，学校紧邻贫民区，设施设备常被损坏，学生的财物被抢也不是新鲜事。

为了解决这个问题，学校董事会只好买下贫民区的土地和房屋，让贫民搬迁。然而，问题却变得更严重了。因为贫民只是外移，并未远离，而校园因为面积变大难以管理，治安状况更糟了。

没办法，学校董事会只好去找警官出谋划策。令所有人吃惊的是，学校在警官的建议下，居然向这群“破坏大王”伸出了援手：

学校设立了免费学习班，让贫民区的孩子有

了接受教育的机会，还开设了免费培训班，向贫民区的大人教授技术。这样一来，大人们也通过学习技术找到了好工作。

从此，再也没有人去学校搞破坏，学校的治安状况得到了极大提升。

惯性思维	冲突点	逆向思维
赶走贫民，容易起纠纷；搬学校，成本太高	学校总是受到贫民的干扰	放弃对抗，伸出援手，教化贫民，使他们变好，不再干扰学校

没想到吧

消除对抗的唯一方法是不再对抗。正如学校最终放弃与贫民对立，转而伸出援手，不仅缓和了紧张关系，还促进了社区和谐。

如果你在工作中有个死对头，他（她）处处与你对抗，时常为难你。或许你可以试着放弃对抗，与他（她）握手言和。毕竟，多一个朋友远胜于多一个对手，和解或许会带来意想不到的积极变化。

“不成材”的优秀员工

24

曾老板和李老板在一起交流经营心得。曾老板抱怨道：“我真是受够我那三个不成材的员工了。”

“他们怎么不成材了？”

“别提了！一个吹毛求疵，整天嫌这嫌那；一个杞人忧天，总为一些莫名其妙的事情担忧；还有一个游手好闲，工作时间到处瞎逛。”

李老板想了想，说：“不如让他们到我的公司上班吧。”曾老板虽然感到十分不解，但乐意至极。

第二天，这三个员工就到李老板的公司报到了。李老板早已为他们安排好了工作：爱吹毛求疵的员工负责质量监督，总是杞人忧天的员工负责安全保卫，而喜欢闲逛的员工则负责外出做宣传和调查。

一段时间过后，这三个员工在各自的工作岗位上都做出了出色的业绩。

惯性思维	冲突点	逆向思维
责令改正、辞退，或者考虑某些惩罚措施，但容易引起矛盾	员工缺点明显，影响工作	用短为长，为员工安排合适的岗位，发挥其最大价值

没想到吧

庸才，或许只是放错了位置的人才。用短为长，在曾老板眼中的员工的缺点，于李老板而言却可以转化为优点。

同学们，如果你们留心观察，会发现性格急躁的人往往行动力很强，行事风格强势的人往往决策力很强，做事慢吞吞的人往往包容性很强。所谓的优点和缺点，本质上只是看待问题的角度不同罢了。

一休搬巨石

25

有一次，一场山洪将一块巨石从山上冲下，正巧挡在了村庄的大路上。村民们正束手无策时，刚好来了个自称大力士的人。这个大力士放出豪言：“这块石头，我能不费吹灰之力就能搬开。不过，在搬之前，你们得管我吃三天饱饭。”村民们当时正着急，立刻答应了下来。

三天后，这个大力士却突然改口说：“这石头我是能搬，但你们得先把它搬到我的肩膀上。否则，就得再请我吃三天的饭。”村民们一听，这是遇到无赖了！于是，他们只好去找聪明绝顶的小和尚一休来帮忙。

一休了解清楚状况后，让村民们在巨石底下挖了一个一人多深的大坑。然后，他把大力士叫过来说：

“请你走下去吧，我们会把石头放到你的肩上的。”大力士一看，吓得慌忙跪下，说：“一休师傅，请饶了我吧，我认输了！”

接着，一休让村民们用挖低地面的办法，把巨石一步步挪走了。

惯性思维	冲突点	逆向思维
和无赖理论或强行对抗，要么引发纠纷，要么自己吃亏	被无赖耍了，却也无计可施	顺着无赖的要求，给无赖“挖坑”，让无赖害怕，乖乖求饶

没想到吧

别和无赖瞎纠缠，顺势而为最应该。一休巧妙地利用了无赖的逻辑，将其引入自己设置的困境。这种策略不仅使无赖自食恶果，还让他认识到自己的错误，最终达到让他自觉放弃无理要求的目的。

在玩游戏时，如果有人不愿意遵守轮流玩的规则，你可以试着顺势而为。下次轮到他（她）玩时，你也故意不遵守规则，让他（她）体验被人插队的感受。

顺手牵羊的客人

26

有一家酒店，开业没多久就遇到了一个难题：住店客人们常常顺手牵羊将客房内用于装饰的摆件、手工艺品等带走，给酒店造成了不小的损失。酒店经理召集各部门主管针对这一问题商讨策略。

有人建议在客人退房时花费更多时间和人力检查房内物品是否丢失。

有人建议在客房的墙上粘贴“禁止带走酒店物品”的标识。

……

有个年轻的主管说：“客人们会带走我们的物品，是不是正好说明这些物品受他们青睐？既然如此，我们为什么不在上面贴上价格标签呢？如此一来，真正喜欢这些物品的客人就会大大方方地购买，不想付费的客人也会自觉打消顺手牵羊的念头。”大家听后，都拍手称赞。

后来，这家酒店不仅没再丢失物品，还因为售卖物品增加了额外收入。

惯性思维	冲突点	逆向思维
加强检查或者惩罚顺走物品的人，可能会引发客人的抵触	总有人将酒店的物品顺走	顺应客人的需求，给易丢失的物品定价，变“拿”为“买”

没想到吧

年轻的主管从顺手牵羊的现象中，捕捉到了客人们的潜在需求，用贴上价格标签的方式委婉地提醒了客人，还为酒店增加了营收渠道。

针对班级里屡禁不止的乱涂乱画行为，不妨建议老师采取“顺势而为”的策略，在教室内专门设立一面涂画墙。这样，既为同学们提供了一个自由表达创意的空间，又能有效减少在不适当地方涂鸦的行为。

数学课上的巧妙解法

在一次数学课上，老师拿出3个塑料杯排放在讲台上，又拿出10个贝壳，然后问道：“谁能想办法把10个小贝壳放到这3个塑料杯里，且保证每个杯子里的贝壳数量都是单数？”

同学们都低头认真思考起来，想出了各种组合，如：1，1，8；1，3，6；1，5，4；1，7，2…… 但无论怎样搭配，都无法做到每个杯子里贝壳数量都是单数。然而，就在大家质疑这个游戏是否合理时，有个男孩站了起来说：“我有一个办法。”

说完，他就走上了讲台。只见他先把10个贝壳分别放进两个杯子里，每个杯子里放5个。接着，他拿起其中的1个杯子，放入第三个空杯里。

“你做得很好。你是怎样想到这个办法的？”老师问。

男孩回答：“正常的思路肯定是走不通的，而贝壳的个数是不会变的，所以只能在杯子上做文章了。”

惯性思维	冲突点	逆向思维
向老师指出这个游戏的不合理之处，表明无法完成	将 10 分成 3 个单数，这不可能	不在贝壳数量上做文章，而在杯子的放置方式上找突破

没想到吧

老师提出的规则，按照常规思路似乎难以办到。在这种情况下，只有“跳出来”，才有可能找到解决办法。

作为班级的纪律委员，如果你已经尝试了用规章制度来约束班级秩序，但效果不佳，那么你可以试着从规章制度中“跳出来”，引入一些积极的激励措施，增强同学们对班级纪律的认同感，促使他们自觉维护班级秩序。

没有借据也要到了账

28

李小明曾向王大仁借了 1 万元，但两年过去了，他一分钱也没还。每次王大仁去要钱，都被李小明冷冷拒绝。最后一次，李小明不仅不还钱，竟然还声称自己根本没借过钱。王大仁急坏了，只好求助于朋友。

朋友想了想，给他出了个主意："你给李小明发条信息，问他什么时候还你 20 万。"王大仁听了，心里直犯嘀咕："他连 1 万都不还，怎么可能还我 20 万呢？"虽然半信半疑，但他还是按照朋友的话发了信息。

李小明收到信息后，气昏了头，立刻回复："王大仁，你这是做梦吧？我只借了你 1 万，哪来的 20 万？"朋友看到回复，

笑着说："这不就得了？他承认借了1万，这就是证据。"

有了这个证据，王大仁终于有了底气。一个月后，他成功让李小明还了钱。

惯性思维	冲突点	逆向思维
没有借据，对方又不认，那就只能自认倒霉了	讨债，但没有借据，对方不认	诱敌自证，激起对方反驳，借此获得借钱证据

没想到吧

在朋友的提议下，王大仁故意夸大借款数额，引得对方激烈反驳，从而获取了关键的借款证据。

假如你与朋友商讨某事，双方各有担忧且未达成一致，且朋友又不愿袒露真实想法。此时，你不妨故意提出一个不合理的主意，或许能促使对方说出内心的真实想法。

金币诈骗案

有四个年轻人凑了一袋金币，准备出门做买卖。途中，他们想去逛花园，于是就把钱袋交给在花园守门的老婆婆保管，并郑重约定，只有四个人都在场时才能把金币取走。

花园里有条小溪，他们想在那里洗头，却发现没带梳子。高个子自告奋勇去找老婆婆借梳子。到了门口，他却对老婆婆说："给我金币吧！"老婆婆不同意。高个子转身对他的三个伙伴大喊："老婆婆不给！"大家连忙说："给他吧！"就这样，高个子取了金币，偷偷跑了。

另外三个年轻人回来发现金币没了，气得拉着老婆婆去找法官，法官要求老婆婆归还金币。老婆婆一听，瘫坐在地上哭起来："我上哪儿去找那么多金币啊？"

这时，一个小男孩说：“可以还金币，但按照他们的约定，必须四个人都在场才行。”法官认为小男孩说的话有道理，就让那三个人把高个子带来。可高个子早就带着金币逃之夭夭了，根本没人能找到他。

惯性思维	冲突点	逆向思维
想办法把被骗走的钱要回来，但几乎不可能	老婆婆弄丢了金币，被要求归还	按照约定，不满足四个人都在场的条件，不必还金币

没想到吧

当百口莫辩时，只有用对方的逻辑才能证明你的观点。小男孩正是用对方的逻辑，即四人都在场才能取走金币，证明了老婆婆不必归还金币这一观点，帮助无辜的老婆婆避免了承担损失。

生活中，我们也有可能遇到被误会做了坏事的情况，比如被人误会偷拿了东西。这时，我们也可以用“谁主张，谁举证”的规则来维护自己的声誉。

真假夜明珠

有个小伙计叫刘三，在一家老字号当铺里当学徒。

一天，有人拿了一颗假夜明珠来典当，老眼昏花的师父没分辨出来，竟然用一百两银子收下了。等发现时，骗子早已逃之夭夭。师父为此气得关张三天，大病一场。

刘三为此也茶不思，饭不想，整天唉声叹气。这天，刘三邀请了其他当铺的伙计们到饭馆聚餐。席间，刘三拿出了那颗假夜明珠说：“我师父前几日不慎收了一颗假夜明珠，今天请大家来看一看，以此为戒。”大家传看一番后，刘三举起锤子，当众将这颗夜明珠砸了个粉碎。

消息不胫而走。很快，骗子便上门来赎夜明珠了。师父急了，夜明珠早就被刘三砸了，上哪儿找去？刘三却不慌不忙地拿了出来。那人一看，确实是自己的那颗，只得还了钱离去。

原来，被砸的那颗是刘三请人仿做的，他料定骗子听到风声一定会上门赎回夜明珠并再敲诈一笔。

惯性思维	冲突点	逆向思维
报官，但骗子逃走，很难追回损失；自认倒霉，吃一堑，长一智	当铺收了假夜明珠，骗子已逃	砸碎仿造的假夜明珠，吸引骗子上门赎珠还钱

没想到吧

从表面上看，刘三似乎是在销毁证据，而实际上，他是故意让骗子以为自己有机可乘并主动现身，这正是典型的“请君入瓮”之计。

对爱说人坏话的人，你也可以用类似的方法。在合适的场合，故意讲一个背后说坏话的故事，引导大家讨论这种行为的不良影响。如此一来，对方可能慢慢会意识到，背后说人坏话不仅会伤害他人，也会损害自己的形象。

换人思考

100% 合格率背后

31

在第二次世界大战的硝烟中，美国空军与降落伞制造商之间上演了真实的较量。

那时，在美国制造商的努力下，降落伞的合格率已经逐步提升至99.9%，而军方提出的要求是100%。起初，制造商不以为意。因为，在他们看来，99.9% 已经接近完美，而 100% 根本就是奇迹。

在军方看来，99.9% 的合格率意味着每 1 000 个跳伞的士兵中，必然会有 1 个人因为降落伞的质量问题而被活活摔死。而每一个士兵都担心自己是那个倒霉的人。正当双方僵持不下时，有人提出修改降落伞质量检验制度，即从过去的由军方试跳改成让制造商的负责人亲自试跳。

制度一改，奇迹就发生了。制造商在重新审视自己的生产流程后，终于实现了那曾被视为不可能的 100% 的合格率。

惯性思维	冲突点	逆向思维
与制造商理论，但不一定能取得想要的效果	制造商认为实现不了 100% 的合格率	让制造商试跳，他们为了自己的安全，必须保证 100% 的合格率

没想到吧

换位思考，不如换人思考。只有通过换人思考，将降落伞的生产者变成降落伞的使用者，当事人才能找到正确的思维方式和看待问题的角度。

生活中，我们难免会遇到那些站着说话不腰疼的人。这时，不妨试试“换人思考”的策略，让他们亲身体验你曾吃过的苦、走过的路。或许经历过后，他们便能真正地感同身受。

让跑得快的人先走

一个偏僻的小镇遭遇了洪水的袭击，许多人被困在了一座小山上，情况十分危急。幸运的是，他们找到了一艘小船。但由于小船的载重有限，大家陷入了争论：应该让老人和孩子先走，还是让病人和残疾人先走？

有人主张老人和孩子先走，因为他们弱小，需要照顾；有人主张病人和残疾人先走，因为他们的身体差。

就在众人争执不下之时，一个小男孩站了出来，说道："让跑得最快的人先走！"大家都十分不理解。

小男孩解释道："让跑得快的人先走，是因为他们到达对岸后，可以更快地寻找更多的救援力量，加速救援过程。而跑得慢的人留在山上等待救援，也不会有太大危险。"大家听了，恍然大悟。

最终，跑得最快的几个人被优先安排乘坐小船离开。他们到达对岸后，立即寻找救援，大大提升了救援效率。最终，所有被困者都成功获救。

惯性思维	冲突点	逆向思维
让老弱病残先走，他们需要照顾，但对提高救援效率无益	洪水来袭，被困者要乘船逃生	让跑得快的人先走，发挥优势，提高整体救援效率

没想到吧

从全局思考，才能掌控全局。小男孩在面对问题时，并未局限于谁应当先走的问题，而是从全局视角去考量如何提升救援效率，确保全员获救。

同理，假如你担任劳动委员一职，不妨安排行动迅速、积极性高的同学与做事细致、性子慢的同学合作。如此组合，相较于按照学号或座位顺序分配任务，更能充分发挥每个人的优势，从而提升团队工作效率。

引蛇出洞

博物馆被盗案

33

有一个博物馆被盗了，丢失了 10 件珍贵的文物，好在最珍贵的那枚古董戒指没有被盗。但警方经过多次调查，也没找到关于盗贼的任何线索。

博物馆的工作人员感到十分揪心，警方也感到十分无力。这时，博物馆馆长却恍若无事般参加了电视台一个访谈节目的录制。

录制节目时，记者问："这次一共丢失了多少件文物？"

馆长不假思索地说："一共 11 件。"

"这些文物中最珍贵的是什么？"

"是一枚价值连城的戒指。"

……

谁也没料到，访谈节目播出后不久，警方就查到了线索并顺利破案。线索来源很简单，几个盗贼在斗殴时被警方抓获，而他们斗殴的原因竟是互相猜疑究竟是谁私藏了那所谓的第 11 件文物——最珍贵的古董戒指。

惯性思维	冲突点	逆向思维
继续调查，但可能没有任何收获，盗贼继续逍遥法外	博物馆被盗，抓不到盗贼	让盗贼内部产生矛盾，自己露出马脚，查到线索后顺利破案

没想到吧

博物馆馆长推测盗贼团伙之间可能会因利益分配不均而产生猜疑和矛盾，于是他利用这一点来激化矛盾，最终成功引蛇出洞，帮助警方抓获盗贼。

与其被动等待，不如“引蛇出洞”，主动出击，掌握主导地位。比如在棋逢对手时，我们不妨先使用一系列的诱导策略，使对手掉以轻心，暴露自身弱点，然后再趁机出击，一举制胜。

点钞比赛

34

电视台有一档点钞比赛的节目，要求四名观众一同参赛，限时三分钟进行点钞。这期间，主持人会轮流出脑筋急转弯来打断选手的动作，选手只有答对才能继续点钞。时间结束后，如果选手报出的金额与实际相符，则可以获得等额现金奖励。

游戏开始，参赛观众埋头数起钞票来。虽然主持人的脑筋急转弯给他们设置了重重阻碍，但翻越阻碍后，他们的双手依然可以在钞票间翻飞，速度之快让人眼花缭乱。

时间到！四名参赛观众手里各拿了一沓厚薄不一的钞票。主持人让他们报出自己刚才所数钞票的金额。第一位报出 3 472 元，第二位报出 5 836 元，第三位报出 4 889 元，而第四位只有 500 元。台下顿时响起一片哄笑声。

主持人开始当场验证，结果依次为 3 372 元、5 831 元、4 879 元、500 元。最后，第四名选手获得奖金 500 元。台下的观众听了，爆发出热烈的掌声。

惯性思维	冲突点	逆向思维
专注数钱，则答不了题；专注答题，则数不对钱	既要数钞票，又要应对干扰	敢于放弃，不求多，只求稳，慢慢数，认真答

没想到吧

少即是多，稳即是快。第四名参赛观众没有受到比赛紧张氛围和其他选手表现的干扰。这名参赛观众明白获得奖金的关键在于准确性而非数量，故而不求多只求稳，最终成功获得奖金。

有的同学复习时喜欢搞题海战术，做题不知质量好，错把数量当成宝。其实，少即是多，精做、细做才是高效做题的秘诀，它能让你的努力事半功倍。

退单

有一家久负盛名的老字号粉面馆，因其味道好，每天都吸引众多食客前来品尝。常常一大早，店门口等候的队伍就如长龙般蜿蜒。

一个酷热的早晨，等候取餐的顾客们忍受着越来越高的气温，心情越发焦躁。就在这时，一个中年男子突然大声质问："我的面条煮了没有？如果还没煮，我就不吃了。"店员一愣，但很快便露出温和的笑容回应道："先生，您放心，您的面条正在煮呢，很快就能品尝到。"中年男子只得压下心中的焦躁，继续等待。

紧接着，另一个戴眼镜的男子也等得不耐烦了，他提高了声音喊道："我的面条下锅了吗？

如果下锅了就算了，要是没有，就换成拌粉吧！”店员耐心回答道：“还没下锅，我这就给您换。”然而，戴眼镜的男子却摆了摆手说：“不用了，谢谢。反正还没开始煮，我改天再来吃吧。”

惯性思维	冲突点	逆向思维
直接要求退单，店员可能会设法不让退	因为排队太久，想退单	假装改变订单，确认食物未开始制作，继而直接取消订单

没想到吧

戴眼镜的男子先提出要求更改订单，如同借坡，在得知可以更改且确认商家没有损失时，又顺势要求取消订单，这便是“借坡下驴”的妙用。

假如你在和同学交流时不小心说错了话，若有人机灵地转移了话题，那你就可以这样说：“刚才是我考虑得不太周到，既然现在说到了这个新话题，那我也就‘借坡下驴’……”从而摆脱尴尬处境。

韩信逃生记

韩信是汉朝的名将，他曾追随项羽。然而，他认为项羽并非明主，便决定转投刘邦麾下，于是悄悄逃走了。项羽得知后，怒不可遏，派遣众多士兵前去追捕韩信。

韩信远远地望见追兵的马蹄扬起的尘土，心中明白单凭双脚难以摆脱追捕。情急之下，他想出一个绝妙之计。韩信迅速脱下鞋子，倒穿在脚上，沿着一条小路疾走了一段距离后，又将鞋子正过来穿，朝另一个方向奔去。

“快看，这里有脚印！”领头的追兵说道。他们赶紧沿着脚印追了上去。可追着追着，脚印突然消失了。“怎么回事？难道韩信会飞不成？”追兵们感到十分困惑。他们四处找了一阵，毫无收获。而此时，韩信早就逃得远远的了。

凭借机智和勇敢，韩信成功摆脱追捕。也正因如此，他才有了日后在刘邦麾下大展宏图的机会。

惯性思维	冲突点	逆向思维
继续逃跑，但很快会被骑马的追兵追上	步行逃跑，但身后有骑兵追赶	利用倒行的脚印迷惑追兵，为自己赢得更多的逃跑时间

没想到吧

声东击西，迷惑人心。韩信巧妙改变鞋子的穿法，成功迷惑追兵，通过声东击西的计策，为自己赢得了宝贵的逃跑时间，最终得以脱险。

在紧张或尴尬的社交场合中，我们也可以借鉴这一策略。通过转移话题或讲个轻松的笑话（声东）来缓和紧张气氛，之后再回到原本的话题（击西），如此便能有效化解尴尬，顺利推进交流。

鲇鱼和沙丁鱼

在一个海边小镇上，居民们每天都会将捕捞到的沙丁鱼运到港口出售。然而，由于从海上返回路途遥远，许多沙丁鱼在半途中就死掉了，居民们只能以低价出售这些死鱼。

有个叫多海的年轻人，为了让沙丁鱼活着到达港口以卖个高价，便试着改良运输环境、提高运输速度，但无一例外都以失败告终了。

一个困意十足的午后，多海在港口看到几个小孩子你追我赶，精神十足。突然，他想到了一个好办法。

当晚，完成沙丁鱼的捕捞工作后，多海小心翼翼地将它们放进船舱。接着，他挑选了一条活力十足的鲇鱼放入其中，随后便驾驶船只朝港口全速驶去。

抵达港口后，多海打开船舱一看，沙丁鱼果然都还活着。

原来，鲇鱼在沙丁鱼群中四处游动，使得沙丁鱼深感不安，它们紧张地不停游动，从而保持了活力，最终得以活着回到港口。

惯性思维	冲突点	逆向思维
改良运输环境，提高运输速度，以使沙丁鱼存活，但一直失败	沙丁鱼在运输时容易死掉	放入一条鲇鱼，使沙丁鱼感到不安，不停游动，从而保持活力

没想到吧

适度的竞争压力是进步的催化剂。鲇鱼的加入给沙丁鱼带来了危机感，迫使它们不断游动，从而保持活力。

我们在学习中也可以引入良性竞争。当考试临近时，我们可以和同桌或朋友一起制定一个小目标，比如共同攻克某个难题或完成一定数量的练习题，然后相互监督、相互激励，让竞争成为推动彼此前进的动力。

用长柄汤匙喝汤

有两群人同时到一个国家避难，希望可以成为这个国家的新居民。

国王命令士兵将这两群人分别带入两个房间。每个房间的中央都摆放着一锅热气腾腾的肉汤，士兵给每人发了一把长柄汤匙，并宣布："国王下令，你们必须握住长柄的末端，用这汤匙来喝汤。"说完，士兵离开了房间。

在第一个房间里，人们开始用长柄汤匙舀汤。但无论他们如何伸展手臂，都无法将汤送到自己的嘴边。

在第二个房间里，人们拿起长柄汤匙，舀起汤喂给身边的人喝。就这样，大家你帮我，我帮你，每个人都喝到了美味的肉汤。

国王看到后，当即决定邀请第二个房间里的人成为这个国家的新居民。因为他深知，这些懂得互相帮助、分享快乐的人，一定会让这个国家变得更加美好。

惯性思维	冲突点	逆向思维
用手上的长柄汤匙来喂自己，大家都喝不到肉汤	用汤匙喝汤，但汤匙的柄太长	用长柄汤匙舀肉汤来喂别人，大家互相喂，所有人都能喝到肉汤

没想到吧

无私利人，长久利己。无私利人并非意味着舍弃自身利益，而是指将个人利益融入集体利益之中。就如同第二间房间里的人，通过相互喂别人喝汤，最终达成了自己喝汤的目的。

在学校或家庭中，将用过的东西放回原处，也是“利人即利己”的表现。这不仅能为他人提供便利，也为自己节省了再次寻找物品的时间和精力。

不好的预言

39

有一个王国，来了两位自称能够预知未来的预言家。国王对此十分好奇，决定邀请他们到王宫中，听听他们对自己的国家和家人的预言。

国王召见了第一位预言家，他满脸笑容地问："我的王国未来会如何呢？"预言家说："您的王国会变得极为强大，子民们将过上幸福的生活。"国王听了，心里十分欢喜。然而，预言家接着又说："但是您的亲人们会早早离世。"国王一听，脸色骤变，让人把他带下去打了几十板子。

国王又召见了第二位预言家，问了同样的问题。第二位预言家也表示王国会发展得很好。当国王问到亲人时，预言家毕恭毕敬

地说：“国王，您是有福气的人，您将比所有的亲人都更加长寿，一直守护着您的王国。”国王听了满心欢喜，不仅款待了这位预言家，还慷慨地给了他丰厚的金币作为奖励。

惯性思维	冲突点	逆向思维
实求事是，直白地解读预言，说真话，惹怒国王	如何解读预言能让国王不生气	积极暗示，巧妙地转换表达方式，让人更易接受，因而获得奖励

没想到吧

会说漂亮话是优势，把难听的话说好听则是本事。第二位预言家巧妙地避开了国王的忌讳，着重提供令人安慰和积极的信息，从而得到了国王的青睐。

把难听的话说好听，顺序至关重要。先说对方想听的，因为从别人口中听到想听的话，可使人感到愉悦；再说对方能接受的，因为前面有了认同；然后说你应该说的，因为对方卸下了防备；最后说你想说的，因为通过前面的铺垫，对方更容易接受它。

反向利用

给逃犯“易容”

40

在一个小镇上，有一个技术高超的女化妆师。

这天，一个逃犯闯进女化妆师的家，拿着刀威胁她帮自己“改头换面”，以躲避警察的追捕。

尽管心里十分害怕，但女化妆师努力保持冷静。她一边迅速在心中思考对策，一边取出化妆工具。她对逃犯说：“我会把你变成一个普通的中年人，这样你更容易混入人群而不被发现。”逃犯觉得这个提议不错，便同意了。

女化妆师的手法十熟练。不久，逃犯的面容就变得黝黑、平凡。逃犯看着镜子里的自己，满意极了。离开前，为了防止女化妆师报警，他还把她绑了起来。

当逃犯自信满满地走上街头时，警察已经在那里等候多时了。原来，女化妆师早已注意到报纸上的通缉令，她机智地将逃犯化妆成了警方正在追捕的另一个通缉犯。

惯性思维	冲突点	逆向思维
为了自保，只能给逃犯化妆，帮助逃犯逃脱	逃犯逼迫女化妆师为他“易容”	将其化妆成另一个通缉犯的模样，吸引警察来抓捕

没想到吧

女化妆师通过将逃犯化妆成另一个通缉犯，巧妙地利用了逃犯的盲目自信，从而将他送入警方手中。

反向利用策略可以解决我们的时间管理难题。如果你发现自己的时间管理策略无效，可以尝试根据需要完成的任务安排时间，而非根据时间去安排任务。

逆向激励

不按常理出牌的猴子

41

动物园的饲养员们每天尽心尽力地呵护着园中的动物们。然而，负责照顾猴子的那位饲养员最近却总是愁眉不展。原来，他饲养的猴子近来对食物总是提不起兴趣。

那位饲养员焦急万分。这些食物是他根据猴子近期的身体状况精心配制的，虽然口感不佳，但能调理身体，有效预防疾病。

正当他束手无策之时，一位经验丰富的同事给他提出了一个建议：“试试把食物放在猴子不容易拿到的地方。猴子天生好奇且喜欢挑战，越是难得到的食物，它们就越感兴趣。”

饲养员抱着半信半疑的态度试了试，结果

大大出乎他的意料。猴子们对这些食物展现出前所未有的热情，它们一个个跳跃、攀爬，为了得到高处的食物费尽了心思，最终心满意足地吃了起来。

惯性思维	冲突点	逆向思维
更换食物，但可能没有那么健康，又或者猴子依然没兴趣	精心配制的食物，猴子却没兴趣	顺应猴子爱挑战的个性，把食物放到高处，吸引它们来挑战

没想到吧

激励并非都依靠直接的奖励，有时，设置障碍或挑战也可以有效地激发内在的动力。饲养员正是通过这种逆向激励，成功激发了猴子的食欲。

如果你有“写作业拖延症”，可以给自己设置一个逆向激励，比如告诉自己，如果不立刻开始写作业，就把喜欢的娱乐活动时间减少一半。这样可以激励自己马上行动起来，克服拖延习惯。

五张羊皮换名臣

42

春秋时期，虞国被晋国打败。虞国大夫百里奚沦为俘虏，后被卖到秦国当奴隶。然而，百里奚不甘屈辱，逃至楚国。

秦国国君秦穆公得知百里奚的才干后，打算用重金将他从楚国赎回。然而，秦穆公的一位谋士提出反对意见："楚王对百里奚的能力尚不知情，如果我们用重金赎回他，楚王可能会心生疑虑，一旦知道百里奚的真正价值，可能会拒绝交还，留为己用。"秦穆公觉得很有道理，于是决定另想办法。

秦穆公派出一位使者前往楚国，对楚王说："我们秦国有个叫百里奚的奴隶跑到了贵国，我们愿用五张牡黑羊皮将他换回去，好好

教训一番。”

“不过是一个奴隶，还值得用五张牡黑羊皮来换？”楚王说完，毫不犹豫地命人将百里奚交给了使者。就这样，百里奚成功回到秦国。

惯性思维	冲突点	逆向思维
花重金去赎，楚王察觉百里奚是人才后，可能不会放人	想赎回人才，但怕楚王察觉	使楚王误以为百里奚是个没有什么价值的奴隶，主动放人

没想到吧

秦穆公通过降低百里奚的身份，使其显得不值得重视，从而避免引起楚王的怀疑，以较低的代价成功赎回百里奚。

在团队项目或比赛中，我们也可以借鉴这个策略。比如故意隐藏团队的一些强项或优势，不让对手察觉，等到关键时刻再展现真正的实力。这样能避免对手提前做出有针对性的准备，增加获胜的概率。

公平分粥

有七个好朋友住在一起。他们每天都会得到一桶粥，这桶粥刚好够七个人喝。起初，每当粥送来时，大家都争先恐后地去抢，这样一来，免不了发生争吵。

于是，他们决定轮流分粥，每人负责一天。可是，时间一长，他们发现这个方法还是不公平，因为每个人都会在自己分粥的那天给自己多分一些。

他们又想了个新办法，选一个大家都认为德高望重的人来分粥。起初，这个方法还不错，但不久后，大家为了能多分点儿粥，开始争相讨好分粥的人。

后来，他们决定选出三个人来分粥，另外四个人进行监督。但由于每次都要花很长时间讨论，等到粥分好时，都已经凉了。

最后，他们决定还是轮流分粥。不过这次，他们加了一个规则：分粥的人必须等其他人都挑完后，才能拿自己的那份。这样一来，分粥的人为了避免自己吃亏，只能尽量把粥分得一样多。

惯性思维	冲突点	逆向思维
轮流分粥、找德高望重的人分粥或互相监督，但都做不到完全公平	分粥，但总因分不公平而争吵	轮流分粥，分粥者最后拿粥，用利益制衡来保证公平

没想到吧

利他即利己。让分粥的人最后拿粥，使得分粥者的利益与公平紧密相关。这种利益制衡策略能避免私心，促使分粥者进行公平分配。

在生活中，我们常常会遇到类似的情况。比如在班级大扫除分配任务时、在家里分配家务劳动时或在分配某种奖励物资时，我们都可以借鉴这种方法，以确保公平。

热销的“废纸” 44

在一间知名造纸厂里，一位技师由于一时疏忽，在造纸的关键环节竟忘记往纸浆中添加胶。等到这批纸全部生产完，质检员进行检查时，才发现出了大问题。没有加胶的纸质地松散，根本无法用于书写。

因为这次严重的疏忽，技师不仅面临着被解雇的风险，还可能要支付巨额的赔偿。他为此愁容满面。

技师的儿子知道后，问爸爸：“既然这些纸不能用来写字，那还能在其他什么地方派上用场呢？”

技师被儿子的话点醒，开始反复研究这批纸。最后，他发现这批“废纸”吸水性极强，墨水滴在上面很容易被吸掉。后来，在技师的推荐下，工厂将这批纸制成专供书写后吸干墨水用的“吸墨水纸”出售。

没想到，这种“吸墨水纸”因其独特的功能，一经推出，便受到消费者的热烈欢迎和一致赞誉。

惯性思维	冲突点	逆向思维
低价处理，但并不能挽回多少损失，还容易损失信誉	生产了“废纸”，要弥补损失	利用纸张质地松散的特征，将其作为“吸墨水纸”出售

没想到吧

世上没有真正的废物，只有尚未被发掘的财富。技师深入研究“废纸”特性后，找到了新用途，将其转变为“吸墨水纸”，并获得了市场的认可。

在我们的生活中，也有许多无法按照原计划使用的资源。这时，我们可以考虑其潜在的替代用途，比如过期的食品可以转化为肥料，废旧材料可以回收再利用。

烧焦地图畅销

1941 年 4 月 15 日的夜晚，伦敦遭到大规模空袭，历史悠久的斯坦福书店被燃烧弹击中，书店顶部两层被大火吞噬。然而，那些经过特殊包装的地图竟意外地阻隔了火势的蔓延，保护了书店。但地图边角被烧焦，这成了无法销售的遗憾。

战争结束后，斯坦福二世迅速翻修书店，使其恢复正常营业。他在书店的拐角设立一个柜台，专门低价售卖这些烧焦的地图，然而无人问津。

一天，斯坦福二世的孙女摸了摸那些地图，说："爷爷，我想要几张地图留作对战争的纪念。"

斯坦福二世听后，灵机一动，将这些原本准备处理掉的地图重新展示出来，并在柜台上贴上了"战争纪念”的标识和相关说明。如此一来，烧焦的地图成了珍贵的纪念品，价格翻了几倍，顾客纷纷前来购买。最终，这些积压多年的地图在短短几个月内被销售一空，书店也赚到了更多的钱。

惯性思维	冲突点	逆向思维
将地图当作废纸处理，书店赚不到什么钱	边角被烧的地图卖不出去	赋予价值，将地图当作战争的纪念品进行售卖，成功售空

没想到吧

事物的价值常常取决于我们如何看待和呈现它们。斯坦福二世通过赋予地图特殊的纪念意义，使其价值得到极大提升。

家里的废品可以通过创意改造、重复利用或再加工等方式赋予新的价值。比如，废旧纸箱可以变为储物盒，旧衣物可以改造成清洁抹布或手工艺品。通过这样的方式，不仅能够减少浪费，还能创造出有用的物品。

把线变短

46

有一位搏击高手踌躇满志地去参加锦标赛，然而在决赛中，他遇到了实力与他不相上下的对手。双方全力拼杀，搏击高手惊愕地发现，自己根本找不到对方的破绽，而自己的防守漏洞却屡屡被对方击中。

最终，他在比赛中惨败。他愤懑地找到师父，将比赛过程详细演示了一遍，期待师父能帮他找出对方的破绽。他暗下决心，要根据这些破绽苦研新招，一雪前耻。

可师父看完，沉默不语，只是在地上画了一道线，让他在不擦掉的情况下把线变短。他苦思良久，却毫无头绪，只能向师父求教。只见师父在原来那道线的旁边又画了一道更长的线，原来的那道线瞬间显得短了许多。

师父缓缓说道："想要夺冠，不能只盯着别人的弱点。

就如同这地上的线，如果无法直接让它变短，那就画出一条更长的线来与之对比。当你自身变得强大，对方自然就像这条线一样变短了。”搏击高手恍然大悟。

惯性思维	冲突点	逆向思维
期望找出对手的破绽，在下次交锋时能够将其击败	比赛中找不到对手破绽，惨败	避开锋芒，全力提升自身，从各个层面让自己变得强大

没想到吧

在与别人竞争时，我们不能一味地追求打败他人，而应避开锋芒，专注于让自身变得更加强大。一旦自身实力提升，对手就会显得相对弱小。

在学校里，我们难免会遇到与自己成绩不相上下的同学。与其将目光聚焦于两人之间的激烈角逐，不如全力提升自己的知识与能力，把自己“变长”，成为更好的自己。

鲁班妻子妙解难题

木匠祖师爷鲁班，技艺十分高超。

一次，鲁班为一个富贵人家主持建造厅堂。当全部梁柱做好，开始搭建时，鲁班发现有一批珍贵的香樟木厅柱被锯短了。询问后才得知，原来是一个小徒弟在测量时出了差错。俗话说：“长木匠，短铁匠。”意思是木匠做活时，取料要长，长了可以锯短；铁匠做活时，取料要短，短了可以接长。反之，则会十分麻烦。

徒弟们急得团团转，都害怕吃官司。鲁班尽管内心也非常焦急，但他努力保持冷静，思索着解决办法。

鲁班的妻子听说了这件事，对鲁班说：“这有什么难的？你看，我个子不高，可是靴底垫着木拖鞋，头插玉簪、珠花，不就显得高了吗？”

鲁班受到启发，在每根柱子下面垫起圆形的白柱石，又在厅柱上端镶接着雕花篮、凤首柱头。结果，厅柱不仅不矮，反而显得更加富丽堂皇。

惯性思维	冲突点	逆向思维
全部重做，但材料昂贵，还会导致工期延误	木料锯短了，工程无法开展	将错就错，统一垫上白柱石，镶上柱头，美观又实用

没想到吧

人生难免出错，何不将错就错？鲁班受妻子启发，没有纠正错误，而是通过增加装饰性元素，巧妙地弥补了已经发生的失误。

尽管经过反复练习和排练，舞蹈表演时的意外状况依然时有出现。在众多观众的注视下，试图掩饰错误并非易事，不如采取将错就错的策略，自然地化解意外状况。

“哑巴”商人

有位商人在银行取完钱后，准备开车回家。正当他准备发动引擎时，后座上突然出现了一个劫匪。

劫匪将头伸到商人的耳边，小声命令道：“立刻把你的钱交给我！”商人被突然出现的劫匪吓得一时怔住。

但很快，商人便冷静了下来。他转过身，对着劫匪咿咿呀呀地比画一番，接着拿起副驾驶座上的一份报纸，又掏出一支笔递给劫匪，不断比画示意劫匪写下他的要求。

劫匪心中十分恼怒，但又无可奈何，只好一把接过商人给的纸和笔，愤愤地写下了“把你的钱交给我”几个大字。

就在劫匪写完，还没来得及做出反应时，商人以极快的速度下车，并用钥匙锁住了车门，随后立刻报了警。警察很快就赶到了现场，带走了劫匪。

惯性思维	冲突点	逆向思维
将钱交给劫匪，损失财产；与劫匪抗争，可能危及性命	商人取完钱，车上遇劫匪	装聋作哑，假装配合，让劫匪写下要求，趁其反应不及逃走报警

没想到吧

商人没有慌乱地与劫匪发生正面冲突，而是以看似配合劫匪的方式，让劫匪自己写下要求。在劫匪毫无防备之时，商人迅速采取行动，锁住车门并报警。

当和同学、朋友发生争执的时候，先别急着发脾气，可以运用“以静制动”的策略，让自己冷静下来，思考矛盾的根源在哪里，以及怎样才能和平地解决问题。这样既能避免激化矛盾，又能更好地维护彼此间的关系。

以静制动

用鞋带制服逃犯

49

擦鞋工凯特遇到了一个满脸胡须的男子，他看起来不太友善。而且，凯特觉得自己似乎在哪里见过这张脸。

“嘿，小伙子，你一周能挣多少钱？”男子带着一丝轻蔑问道。凯特没有回答，只是默默地擦着鞋。男子继续炫耀自己的财富，他的目光四处游移，凯特则在脑海中搜寻着关于他的线索。突然，凯特想起了在邮局看到的通缉令，那个男子的照片和眼前的人惊人地相似。

男子继续说：“其实你可以在鞋带、鞋油之类的小本买卖上动点儿脑筋，否则你只能永远做一个擦鞋的穷人。”凯特加快了速度，希望尽快结束这次服务。

就在这时，戴利警官从街上走过。凯特迅速将男子的鞋带绑在了一起，然后大声喊道：“戴利警官，快抓住他！他是个通缉犯！”男子咆哮着试图逃跑，但刚一迈步，就被自己的鞋带绊倒了。

戴利警官迅速制服了男子，并告诉凯特，他将获得7 500美元的赏金。

惯性思维	冲突点	逆向思维
想办法向警官求助，但很容易激怒逃犯	遇到了逃犯，但与逃犯力量悬殊	任由逃犯自说自话，使其放松警惕，并在暗中寻求机会

没想到吧

以静制动，是一种顺其自然的态度。逃犯夸夸其谈，而凯特沉默不语。凯特看似平静，其实大脑在高速运转，最终找到了制服逃犯的契机。

在生活中被人诋毁时，你也可以采取此策略。不要让愤怒主宰自己，也不要急于回应，要保持冷静，迅速搜集他人诋毁你的证据，并提交给相关部门，通过正当途径维护自己的声誉，并让诋毁你的人受到相应的惩罚。

以静制动

喂蛇喝奶

50

有一对官员夫妇在家举办宴会，到场的除军官、政府官员及其夫人外，还有一位自然学家。

午餐时，大家正在热烈交谈，自然学家则默默地坐在一旁。突然，他注意到女主人脸上露出奇怪的神情。她招来一位男仆，低声交代了几句。仆人迅速离开，随后在门外走廊上放了一碗牛奶。自然学家心里一惊。在印度，放牛奶通常是为了引诱蛇。他四处看了看，并没有发现蛇的踪影。最后，他断定餐桌下有蛇。

为了避免惊动蛇，自然学家决定不动声色。他让大家在他数到300的这5分钟内不能动，否则罚钱。当数到288时，他终于看到一条眼镜蛇爬向门外的牛奶。他迅速跑过去，把通向走廊的门关上，成功将蛇挡在了外面。

宴会结束后，自然学家问女主人是如何发现屋子里有蛇的。女主人微笑着说："因为它刚刚从我的脚背上爬过去了。"

惯性思维	冲突点	逆向思维
快速逃离并警告他人，但容易惊动蛇，而受惊的蛇很可能会咬人	正在举办宴会，但餐桌下有蛇	保持镇定，放置诱饵，耐心地等待蛇主动撤离

没想到吧

在沉静中等待，是为了在关键时刻如闪电般行动。自然学家和女主人在发现室内有蛇时，能够处变不惊，冷静处理，令人敬佩不已。

当遭遇污蔑时，不要急于反击。要保持冷静，耐心等待对方的进一步行动，找出其漏洞，然后在适当时机迅速反击，这样才能做到速战速决，取得最佳效果。以平和之心蓄力，在关键时爆发，方能掌控局势，成就精彩人生。

“180”岁的老汉

从前，有个村子遭遇了严重的灾荒，村民们推选出一位老汉前往县衙请求减税。老汉见到县官后，诚恳地汇报灾情：“今年小麦收成仅五成，棉花勉强三成，玉米几乎颗粒无收，只得两成。”

县官听后勃然大怒，质问道：“你们明明有十成的收成，怎么还说年景不好？简直岂有此理！”

老汉道：“大人，我活了180岁，从未遇到过如此大灾。”

县官听了更加愤怒，质疑道：“你怎么可能活到180岁？”

老汉慢条斯理地回答：“我有两个儿子，大儿子55岁，二儿子45岁，加上我自己80岁，加起来正好是180岁。”

县官气冲冲地说：“天下哪里有这种算法？”

老汉笑眯眯地说：“刚才老爷您不就是这么算的吗？”

县官这才明白过来，羞得脸通红，只得同意减税。

惯性思维	冲突点	逆向思维
继续与县官理论，但假装糊涂的县官不会听	县官不承认灾荒，不愿减税	学县官，假装糊涂，让他意识到自己的错误有多离谱

没想到吧

老汉故意采用不合逻辑的年龄计算方式，讽刺县官算收成的方式，间接揭露了县官的谬论。这种方法巧妙地促使县官否定自己的说法，最终同意减税。

遇到不讲道理的人，也可以运用“以谬制谬”的策略。按照对方的逻辑表达自己的观点，从而展示其不合理性。

水桶和竹竿

庞振坤去应试，考官早就听闻他是中州奇才，在试举结束后，便故意试探他的口才。

考官对庞振坤说："我以前在江南做官的时候，那里的水桶特别大。"

庞振坤很有礼貌地询问："大人，到底有多大呢？"

"这么说吧，在桶里卧九头水牛，水牛在这边用尾巴甩水，而那边的水却能纹丝不动。"考官说。

庞振坤摇了摇头，说："大人，这不算稀奇。我在家乡读书的时候，曾见过一根长得不得了的竹竿。头一年的八月十五，有个人扛着它从我们学堂门口经过，一直到第二年的端午，都还能看到几节竹竿梢在门前晃动呢。"

考官惊讶极了："天底下怎么会有这么长的竹竿？"

庞振坤则一字一句地回答道："要是没有这么长的竹竿，又怎么能箍住您说的那么大的水桶呢？"

惯性思维	冲突点	逆向思维
反驳考官，但有挑战考官权威的嫌疑	遇到了故意出难题的考官	以谬制谬，顺着考官的话往下说，让他意识到自己有多荒谬

没想到吧

在故意刁难你的人面前，怪问必须怪答，谬问必须谬答。庞振坤正是用更加荒谬的故事回应了考官，使他意识到自己话语的荒谬性。

在学校，如果同学故意刁难，提出荒谬的问题，我们可以巧妙地"以谬制谬"。比如同学说："你把你家的宠物小狗送给我吧！"你可以回应："没问题，但是你要先去和动物园的狮子商量一下，让它来当我的新宠物。"

聪明的仆人

在一个小镇上，住着斯威夫特博士和一位心地善良的老妇人。老妇人时常派仆人给博士送去一些礼物，然而，博士在接受礼物时，从未给这位仆人任何酬谢。

一天，博士正在写东西，仆人又来送兔子。他粗鲁地将兔子往桌上一扔，说：“这是我的主人送给你的。”博士说：“孩子，送东西可不是这么送的呀。我来教你怎么做。”

斯威夫特博士让仆人坐下，然后走到外面轻轻敲门，经过允许后，他礼貌地走进房间，双手捧着兔子，恭敬地递给仆人，说：“先生，我的女主人向您致以亲切的问候，并希望您收下这两只兔子。”

仆人接过兔子，微笑着回道：“谢谢你，请向你的女主人转达我的谢意。也请接受这两个先令，作为对你辛勤工作的报酬。”

博士听后，莞尔一笑，明白了仆人的用意。从那以后，他再也没有忘记给那位仆人小费。

惯性思维	冲突点	逆向思维
仆人直接表达不满，但可能引起博士的不快	仆人付出了劳动，却没有报酬	仆人亲自示范，让博士明白要尊重他人劳动的道理

没想到吧

仆人借博士教他送东西礼仪的机会，通过“以身示范”接受礼物的礼仪，间接地表达了自己的想法，有效地促使博士认识到自己的失礼之处，从而改变了博士对待仆人的态度。

如果有人乱扔垃圾，不要立刻指责对方。可以当着他（她）的面，默默地走到垃圾旁，将垃圾捡起并分类投放到附近的垃圾桶中，这也是“以身示范”。

“以好充次”的米店

54

宋朝有一位叫赵安的米店老板，他刚到城里做生意，客人寥寥无几，米店开了大半年也没赚到多少钱，只能勉强维持生计。为此，他整日愁眉不展。

快过年了，赵安看着大街上熙熙攘攘购置年货的人，突然想到一个办法。他吩咐伙计将优等大米掺到劣等大米里，按照劣等大米的价格卖给穷苦百姓。

伙计十分不解：“我只见过以次充好的，还真没见过以好充次的。这不是做亏本买卖吗？”赵安却笑着说：“虽然暂时会赔本，但是能把乡亲们都吸引过来，不就招揽到顾客了吗？”伙计听后，恍然大悟。

结果正如赵安所料，穷苦百姓吃到优等大米，知晓他的善行后，内心十分感激。他们不仅经常光顾赵安的店铺，还一传十、十传百地告诉其他乡邻。就这样，赵安米店的生意越做越大，赚的钱也越来越多，后来他还成了城里最大的米商。

惯性思维	冲突点	逆向思维
做促销活动，但很可能还是没人来买	光顾米店的客人少，赚不到钱	在劣等米中掺入优等米，赔本赚吆喝，吸引更多的客人

\没想到吧/

有一种聪明，叫“吃亏”。赵安选择暂时牺牲部分利益，以通过提供部分优等大米的方式来吸引和留住顾客，最终获得成功。

做事情时要有长远的眼光，为了更大的成功，有时我们需要暂时吃一点儿“亏”。比如，主动承担集体劳动中的脏活、累活，虽然会比较辛苦，但可以培养吃苦耐劳的精神和责任感，这些品质在未来会发挥重要作用。

赵抃巧计救灾民

55

北宋时期，有一年，两浙地区闹蝗灾，粮食减产，供应短缺，有钱也难买到米。米商趁机哄抬米价，各地官府纷纷发布公告限制米价。

有一天，越州知州赵抃的一个幕僚向他建议："我们也该发布限制米价的公告了。"赵抃听了，点了点头，命人起草了一份公告，上面写着：本州不限米价，商家可自由定价出售。幕僚看后大为惊讶："这不是助长米商抬价气焰吗？"赵抃微笑着说："过些日子你自会明白。"

告示发布后，四面八方的米商闻讯而至。很快，越州就聚集了大量的大米，供应充足，米价也随之暴跌。米商们嫌价格低，想打道回府，但一则运输费太贵，二则别处又限米价，于是只好忍痛降价出售。

赵抃还趁此机会，雇佣饥民兴修水利、建设城墙，并发给饥民们报酬，使他们都有钱买米。这可谓一举多得，百姓们对他感激不已。

惯性思维	冲突点	逆向思维
限制米价，但米商可能为了赚更多钱，偷偷涨价出售	蝗灾导致粮食减产，供应不足	因势利导，不限米价，米商聚集，米越来越多，价格自然回落

没想到吧

物少则贵，物多则贱。赵抃深谙此市场规律，于是因势利导，允许商家自由定价，吸引商人前来越州卖米，使米供应充足，米价回落到正常水平。

在交流过程中，当爱“抬杠”的朋友出现抬杠苗头时，不妨先顺着对方的思路，表现出认真倾听的态度。随后，因势利导，引导对方从其他视角审视问题，促进其进行更全面的思考。

熊为蜂蜜代言

常常有熊跑到蜂场偷吃蜂蜜，这让养蜂人塞蒂夫很烦恼。塞蒂夫用钢筋笼罩住蜂箱，却被熊推倒；用水泥加固，又被熊刨土推倒；抬高蜂箱，熊也能爬上去。

一天，塞蒂夫查看夜视摄像头记录，发现熊对安紫尔蜂蜜情有独钟，每次来都最爱吃这一种。为了印证这个发现，塞蒂夫在农场内搭了一张木桌，放上很多盘蜂蜜样品。果然，熊把安紫尔蜂蜜吃得一干二净。塞蒂夫故意改变托盘和桌子的位置，但熊还是每次都会先吃安紫尔蜂蜜。

塞蒂夫把熊偷吃蜂蜜的视频放到网上，吸引了众多网友的关注。这些视频成了安紫尔蜂蜜最好的广告，人们纷纷争相购买。塞蒂夫赚了很多钱，与这些收益相比，被熊吃掉的那些蜂蜜的损失根本不值一提。

惯性思维	冲突点	逆向思维
想办法把熊赶走，或者阻止熊吃蜂蜜，但损失无法弥补	蜂场的蜂蜜常常被熊偷吃	因势利导，利用熊爱吃安紫尔蜂蜜的表现，为蜂蜜做宣传

没想到吧

塞蒂夫发现熊只吃品质好的蜂蜜后，没有继续尝试驱赶熊，而是利用它为蜂蜜代言，获得了更多利润。

如果你的朋友因为沉迷于刷手机新闻、看直播，导致视力下降，肩颈疼痛。你也可以因势利导，转发相关新闻让他们了解这样做的危害。还可以建议他们学习画画、武术等新技能，找到新的乐趣，减少对手机的依赖。

作家讨稿费

一天，一位知名作家收到一家书局寄来的稿费。他仔细一看，却发现数额与自己的预期不符。于是，他写信询问缘由。书局的回应却让他感到意外和不快：“我们只计算文字，标点符号不算稿费。”作家听后，心中觉得书局这一做法实在不恰当。

不久，书局的编辑联系作家约一篇新稿件，作家并没有拒绝。然而，当编辑拿到稿件一看，顿时傻眼了。只见稿件上面密密麻麻全是文字，一个标点符号都没有。这可把编辑愁坏了，没有标点符号根本无法进行校稿，甚至连文章的意思都难以理解。

编辑写信请求作家把标点符号补上。作家却说："标点符号又没有稿费，我为何要补呢？"编辑没办法，只好说："还是有劳先生您加上标点符号，下次我们一起把钱算给您。"从此，标点符号都算稿费了。

惯性思维	冲突点	逆向思维
直接协商，但这是书局故意为之，恐怕很难扭转结果	书局计算稿费时不计标点符号	提交无标点符号的稿件，迫使书局意识到标点符号的重要性

没想到吧

面对无赖，以对方的规则来对付他们，才是最有效的反击。作家用不带标点符号的稿件让编辑体会到稿件中没有标点符号的困扰，从而迫使编辑改正不合理的做法，维护了作家的权益。

如果你在游戏中遇到不公平的规则，可以用对方设定的规则来反击，让他们感受到规则的不合理，从而促使他们修正规则，使游戏变得公平。

妙计抓神偷

58

从前，有一个神偷，专门盗窃皇宫中的宝物。皇宫戒备森严，这个神偷却能够来去无踪，进出自如，令整个皇宫陷入恐慌之中。

皇帝在大臣的建议下，调动三千守卫严密把守皇宫，还加强了宫内的防盗机关。尽管如此，这个神偷依旧接连偷走了大量宝物。

这天，有位大臣提出了一个大胆的计策。他建议皇帝撤去皇宫外的所有守卫，宝库的门不再上锁，宝物箱也敞开着。皇帝虽然心中疑惑，但出于对这位大臣的信任，还是决定一试。

几天后，神偷再次潜入皇宫，却发现没有守卫巡逻，宝库门大开，连宝物箱也未上锁。这突如其来的变化让神偷感到困惑不安。就在神偷迟疑之际，埋伏已久的卫兵突然冲出，将他团团围住。

原来，这位大臣正是利用神偷偷偷摸摸的心理，让他自乱阵脚。

惯性思维	冲突点	逆向思维
继续增加守卫力量和加强防盗机关，但可能没什么用	严密的安保措施也拦不住神偷	撤掉守卫和门锁，使神偷陷入不知所措的境地，成功抓捕

\没想到吧/

大臣建议撤掉皇宫的防卫，让宝库的门和宝物箱子都敞开。这种陌生的局面让神偷无从适应，在其疑惑不安时，便暴露了自己。

在比赛中，面对经验丰富的对手，我们难以单凭已有经验战胜他们。在这种情况下，不妨借鉴“欲擒故纵”的策略，制造假象，打乱对手的节奏，然后趁乱出击，一举取得胜利。

自我说服

约翰的巧妙销售术

59

约翰是一个二手汽车商。一天，店里来了一对夫妇。约翰热情地带他们看车、试驾，并为他们制定优惠方案，然而这对夫妇总能在每一辆车上找出毛病。约翰留下了夫妇的电话，表示有好车会及时通知他们。

几天后，有一个顾主来卖车。约翰打电话请来了那对夫妇，诚恳地对他们说："你们对汽车非常了解，能否帮我看看这辆车值多少钱？"

这对夫妇仔仔细细地检查了这辆旧车，又认认真真地试开了一会儿。评估完以后，他们给予了中肯的评价："这辆车虽然有一点点儿小瑕疵，但如果你能以两万元的价格收下，那绝对是物超所值。"

约翰见时机成熟，便顺势问道："如果我买下这辆车，你们愿意购买吗？”夫妇俩毫不犹豫地说：“当然愿意，这绝对是一辆好车。”

就这样，在约翰的巧妙安排下，这对夫妇顺利地买下了车。

惯性思维	冲突点	逆向思维
强调车子的优点，试图说服买家，或打折销售，但买家可能不接受	遇到了挑剔的买家，无法成交	让买家亲自参与评估过程，在评估中自我说服

没想到吧

最好的销售方式不是说服客户，而是让客户自我说服。约翰邀请那对夫妇参与车辆评估，将他们转变为决策者，从而促成了他们内心的自我说服。

当你萌生出放弃一个兴趣爱好的念头时，不妨问问自己：“如果放弃，我将会失去什么？”当意识到放弃可能会让你失去进步的机会、志同道合的朋友及成长带来的满足感时，或许你就能自我说服，坚定地坚持下去。

狮笼里的小丑

60

在动物园剧场里，一个小丑的表演正逗得观众捧腹大笑。

突然，舞台旁边的狮笼的闸门意外打开了，一头雄狮冲了出来。惊恐万分的观众们纷纷转身，朝着园区的出口狂奔。雄狮似乎也被这突如其来的自由激发了野性，在人群中穿梭。呼救声、尖叫声、号哭声交织在一起，就在这危急关头，园区管理人员迅速做出反应，冷静逼近，用麻醉枪制服了雄狮，危机这才得以解除。

当大家终于冷静下来后，才发现那个原本逗得大家捧腹的小丑不见了。他的同事们担心他遭遇不测，焦急万分。正当大家准备全面搜寻时，一个身影从狮笼里缓缓站起，正是那位小丑。

原来，在大家四散奔逃时，小丑却反其道而行之，径直跑进了狮笼里，并迅速将自己锁了起来。

在场的人们都松了一口气，对小丑的机智与勇敢另眼相看。

惯性思维	冲突点	逆向思维
跑，但跑不过狮子，可能会在跑的过程中受伤	狮笼闸门意外打开，危及安全	躲进狮笼并迅速关门，使狮子无法靠近

没想到吧

冲出狮笼的狮子，最不可能去的地方就是它原本的笼子。机智的小丑正是因为清楚这一点，迅速冲进狮笼并锁上门，成功保护了自己。

错峰出游也运用了这一策略。当大多数人在节假日涌向热门景点时，若选择一些相对冷门的地方或在非节假日出行，便可以避开拥挤的人群，获得更宁静、更舒适的旅游体验。

禁止捕鼠的法令

从前，有一座城市的居民长期被严重的鼠患困扰。市政官员们想尽办法，都没有取得良好效果。后来，他们决定发动居民一起抓老鼠，还特意发出告示：凡抓到老鼠者，可领取奖金。

本以为人多力量大，老鼠会很快被抓光。然而，居民们为了领取奖金，竟然故意给老鼠创造繁衍的机会，结果老鼠数量不减反增。市政官员们为此头疼不已，无奈之下只好向一位智者寻求帮助。

智者听完他们的问题后，给出了一个令人匪夷所思的建议。他让市政官员们颁布一条法令：“从今往后，禁止捕鼠，任何捕捉到老鼠的人都将受到处罚。”

这个做法乍一听十分荒谬，结果却出人意料。由于不能捕鼠，居民们便开始采用养猫、定期使用灭鼠剂等办法来清除老鼠。最终，鼠患得到了有效控制。

惯性思维	冲突点	逆向思维
加强监督，或者重新评估和调整抓老鼠领取奖金的政策	为了领取捕鼠奖金，居民纵鼠	放任自流，鼠患严重，影响居民生活，居民被迫捕鼠

没想到吧

禁止捕鼠的法令从表面上看是放纵了老鼠的繁衍，实则促使居民主动去思考更有效的灭鼠方法，从而成功控制了鼠患。

同理，如果爸爸妈妈为了减肥而正在控制饮食，可以建议他们每周安排一顿“放纵餐”。因为一直严格节食易导致食欲爆发，而满足食欲后继续实施健康饮食计划，既能缓解压力，又有利于他们坚持减肥。

智者智解难题

一次，智者觐见国王。国王久闻智者才华出众，想考验他一番。于是，他对大臣们说："今天，本王想看看谁能用计策让本王从座位上走下去。"

一位武将谎称有毒蛇，试图让国王离座，但国王识破了他的计谋，毫不慌张。一位文官煞有介事地报告说前院的枯树突然开满金花，邀请国王去观赏。国王只是冷冷一笑，并未动弹……

国王看向了一直沉默不语的智者，说道："我听闻你博学多才，想必你定有妙计。"

智者微笑着回答："大王今日已经打定主意不下来，即使是神仙来也无计可施。"国王听了，放松了警惕。

智者接着说道："但如果您站在殿下，我倒是有办法让您走上去。""哦？我倒要看看你有什么办法。"说完，国王离座走到了殿下。大家都纷纷称赞智者的智谋。

惯性思维	冲突点	逆向思维
吓唬或诱惑国王，使其离开座位，但都容易被识破	想让国王离座，但他不动	条件置换，变"走下来"为"走上去"，使其自觉离开座位

没想到吧

在这个故事中，智者没有尝试直接让国王从座位上走下来，而是通过改变条件，巧妙地引导国王自行做出"走下来"的动作。

当和父母沟通产生障碍时，你也可以尝试使用"条件置换"策略。比如先认可父母对某一问题的看法，再提出自己的观点，并尝试在双方意见中找到共同之处。这样既能让父母感受到尊重，又能表达自己的想法。

一份特别的声明

有一家制药企业研发出一种特效药。然而，由于该药价格高昂，且宣传预算有限，一直销量平平。

一天，这家企业在运输途中不慎遗失了整整一箱特效药。得知如此昂贵的特效药丢失了，管理层焦急万分，发动众多人力四处寻找却一无所获。经理满腔怒火，决定对相关人员予以严厉处罚。总监却建议他通过媒体发布一则声明。在声明中，他们诚恳地说道："尊敬的市民朋友，我们在运输途中不慎遗失了一箱特效药。这是我们科研团队五年心血的结晶，价格昂贵，疗效显著，但必须在专业医生的指导下使用。我们恳请拾得者尽快归还，切勿擅自服用。"

消息迅速传遍了大街小巷，人们对这款疗效显著但价格昂贵的药品充满好奇。尽管这箱特效药最终没有找回，但这次事件却让这家企业和这款特效药变得家喻户晓，销量也节节攀升。

惯性思维	冲突点	逆向思维
惩罚丢失药品的员工，尽可能找回丢失的药品，减少损失	一箱特效药遗失，寻回困难	利用意外事件，提升公众关注度，间接推广

没想到吧

机会，可以孕育在灾祸中。遗失一箱高价特效药对企业而言原本是重大损失，但他们巧妙地利用了这一意外事件，使得药品销量大幅提升。

只要你有一颗机智的大脑，意外也能变成宝贵的机会。比如在参加文艺表演时突然忘词，可以随机应变、临场发挥，这既能够锻炼自己的应变能力，又能让表演更加独特和精彩。

移花接木

投诉消失术

64

有一栋公寓，装修好以后全部对外出租。

因为地理位置优越，装修精美，公寓很快就几乎被租完。可没过多久，房东就收到了很多投诉，这些投诉无一例外都是抱怨电梯太慢，高峰期等待的时间太长。有的租客甚至提出，如果不解决电梯问题就退租搬走。

这让房东烦恼不已。因为房子已经装修好了，如果换电梯，会额外增加很多成本；可要是不换，大家都因嫌弃电梯太慢要搬走，损失会更大。

怎么办？房东想破头，终于想到了一个办法。

几天后，关于电梯的投诉消失了。不仅如此，原本空着的房子也很快找到了新租户。可房东并没有更换电梯，这是为什么呢？原来，房东在每一层电梯间的墙面上都装了一面大大的穿衣镜。等电梯的时候，所有人的注意力都在镜子里，关注自己的仪表，没有人关注电梯，自然就不觉得电梯速度慢了。

惯性思维	冲突点	逆向思维
更换速度更快的电梯，但成本过高	等电梯时间太长，更换电梯又太贵	安装镜子，转移租户的注意力，使他们关注自身，而非电梯

没想到吧

有时候，改变人们的关注焦点，比关注问题本身更能有效地解决问题。那位机智的房东巧妙地将租客们的注意力从运行缓慢的电梯转移到了自身的形象上，使得等待时间变得不再那么难熬。

我们身边随处可见这种巧妙转移注意力的智慧。餐厅桌上摆放的玩具，不仅可以减轻顾客等餐时的焦虑情绪，还使等待变为充满乐趣的体验。

拍照请闭眼

比尔·布兰特出生于德国的一个银行世家。尽管父母期望他继承家业，然而他却梦想着成为一名摄影师。

起初，布兰特的摄影作品并未受到关注，这让他深感失落。然而，在他22岁那年，一位好心人的推荐给他带来了转机，他获得了为一家公司拍摄集体照的机会。这是他职业生涯中的第一笔业务，他重拾信心，欣喜万分。

然而，拍摄结果令人大失所望。尽管经过多次调整，照片中仍有人闭着眼睛。

布兰特尝试在拍照时喊“1，2，3”，但总有一些人恰巧在喊到“3”的时候眨眼。他只好不断重拍，客人因此十分不满。

布兰特急得汗都出来了。伸手擦汗时，他突然想到了一个解决办法。他请所有人闭上眼睛，等他喊到“3”时一起睁眼。这回，照片冲洗出来后，个个神采奕奕。这种闭眼照相法迅速风靡，也让布兰特一举成名。

惯性思维	冲突点	逆向思维
听口令把眼睛睁大，但眼睛容易疲累，也难统一所有人的步调	拍出来的照片总是有人闭眼	先闭上眼睛，拍照时再同时睁开眼睛，步调统一，眼睛不累

没想到吧

有时候，一个小细节的改变就能带来意想不到的效果。布兰特仅仅改变了指令的动作，就巧妙地规避了拍照时眨眼的问题。

生活中，我们有时候可以运用这种“反向”小技巧。比如在超市购物时，我们可以自带布袋，舍弃不利于环保的塑料袋。这样，不仅可省钱，还可减少环境污染。

晚上 11 点准时开门

有一个年轻人，常常和朋友玩到深夜才回家。这让他的父母十分烦恼。几次三番耐心劝说都毫无作用，无奈之下，这对老夫妇决定采取强硬措施。他们向年轻人施压道："从今天起，每晚 11 点，我们都会准时把大门锁上。"

起初，这个方法颇为有效，年轻人每天都能在 11 点前回到家。可到了第二周，他又开始深夜回家。为了给他一点儿教训，老夫妇依旧按照规定锁上了门。这下可好，年轻人干脆变本加厉，夜不归宿了。

老夫妇犯了难，难道就任由他这样每天熬夜不回家吗？一番冥思苦想后，他们又想到了一个办法。他们告诉年轻人，以后他们会每天晚上 11 点准时开门，等到他回来再回房睡觉。

出乎意料的是，从那以后，这个年轻人因为担心父母的安全与健康，每天都能在 11 点前准时回家了。

惯性思维	冲突点	逆向思维
以到点锁门相逼，迫使年轻人回家，但他干脆夜不归宿了	希望儿子早回家，但他不听	让年轻人因为担心父母的安全与健康，主动按时回家

没想到吧

制度有效实施的关键不在于其严格程度，而在于能否让人真心信服。老夫妇锁门是为了约束儿子，开门则是饱含关爱的羁绊，儿子反而会因担心他们而自觉早回家。

如果你的爸爸抽烟，不妨试试这个策略。比如跟爸爸约定，如果他能改掉抽烟的坏习惯，那你也按照他的要求改掉一个坏习惯。相信爸爸为了帮助你改掉坏习惯，会更加努力地改掉自己抽烟的习惯。

巧计斗奸商

在一个小区里，有个老人因为行动不便，只能去楼下的水果店买水果。一来二去，他很快就发现这家水果店经常缺斤短两。他想不出既不伤和气又不吃亏的方法，只好向儿子求助。儿子听后，给老人出了一个主意。

这天，老人照例来到水果店。他对老板说："老板，给我称 5 斤黄桃。"

老板手脚麻利地装了一袋黄桃放到秤上一称，满脸堆笑地说："5 斤，正好！"老人看了一眼，假装为难地说："太多了，还是买 3 斤吧。"

老板迅速从袋子里挑出一些黄桃，称量后大声说："3 斤，给您！"老人却没有接过袋子，而是指着他刚挑到一边的黄桃，坚定地说："我就要这2斤！”老板脸上的笑容瞬间凝固，他意识到自己的小伎俩被识破了，尴尬得满脸通红。

从那以后，老人每次去这家水果店，都能得到足斤足两的新鲜水果。

惯性思维	冲突点	逆向思维
直接指责老板，容易引发冲突	买水果，但老板总是缺斤短两	通过“减掉一些重量”的要求，得到真实的重量

没想到吧

在儿子的建议下，老人通过改变需求的方式，让对方在不经意间暴露自己的不当行为，从而促使其自我反思并加以改正。

如果你遭遇了不公平的劳动任务分配，也可以借鉴此策略。先提出和对方交换劳动任务，当对方表示反对后，再提出更为公平合理的任务分配方案。

金牌销售

68

有一天，一位著名的销售大师来到某大学给学生们上课。他要求学生们挑战一项任务，把一支普通的笔推销给他。

第一个学生站起来说："这是一支非常出色的笔，很适合专业人士使用！"大师听了，摇摇头。

第二个学生接着发言："这支笔质量很好，您可以用它来记录重要文件。"大师仍旧摇了摇头。

第三个学生说："这支笔写起来十分顺滑，我个人非常喜欢这支笔。"然而，大师依然没有表现出购买兴趣，只是问道："还有其他人想试试吗？"

这时，一个学生站了起来，走到大师面前说："老师，能帮我在这个本子上签个名吗？"大师犹豫片刻，说：“可以，但是我没有笔。”

学生笑着说：“老师，这支笔正适合您，买下它您就可以用它签名了！”大师听了，脸上露出满意的笑容。

惯性思维	冲突点	逆向思维
向顾客介绍笔的优点，引起顾客的兴趣，但可能很难打动人	要推销笔，但顾客不感兴趣	制造需求，让顾客不得不购买下来

没想到吧

真正的销售大师并非只顾推销产品，而是能够洞察客户需求，并提供解决方案。第四个学生通过创设情境，自然而然地使大师产生了买笔的需求。

如果你的同学沉迷于电子游戏，那么你可以晒出自己或他人户外运动的照片和视频，向对方展示你或他人因运动而变得更加饱满的精神状态与强健的体魄，让他（她）见证你的转变，从而自然而然地激发他（她）对户外运动的兴趣。

制造需求

免费的花生

69

精彩的大马戏即将开始，观众们如潮水般涌入现场。马戏团里有一位年轻的售货员负责售卖零食和饮料，虽然观众络绎不绝，愿意购买商品的人却寥寥无几。尽管这个年轻的售货员卖力地吆喝着，销售额却仍旧不见提高。马戏团总经理给了他一个严厉的警告：如果情况没有改善，他将失去这份工作。

为了保住这份工作，年轻人绞尽脑汁，终于想出了一个绝妙的主意。他决定开展一个促销活动：凭马戏团的门票，可以免费领取一大包咸花生。

这立即引起了观众的关注，几乎每个人都不愿错过这份免费的美味。他们一边欣赏马戏表演，一边品尝着咸香的花生，渐渐地感到口渴。年轻的售货员把握住这一时机，主动推销矿泉水、可乐等饮料，结果饮料销售量激增，甚至出现供不应求的情况。

短短几个月下来，这个年轻的售货员竟然创造了马戏团的销售奇迹。

惯性思维	冲突点	逆向思维
努力叫卖，但无人搭理；打折售出，吸引力不大	观众很多，但商品鲜有人购买	免费赠送花生，让观众吃完后口干舌燥，产生购买饮料的需求

没想到吧

顾客没有需求时，就主动去制造需求。年轻的售货员通过免费赠送花生这一看似亏钱的举措，制造了观众对饮料的需求，为自己创造了销售奇迹。

假如爷爷奶奶因为智能手机操作复杂而拒绝使用，你可以这样制造需求：耐心地为他们下载戏曲或相声等音频软件，手把手教他们使用。当他们体验到智能手机的便利和乐趣后，自然会爱上它。

神秘的画家

70

在一个小镇上，住着一位年轻的画家。他才华横溢，画的画作非常精美，但因为名气不大，每次参展，他的画总是被摆在角落，无人关注。

为了提升名气，他尝试过在画廊张贴宣传海报，参加电视台的宣传报道……但都无济于事。

有个朋友得知他的处境后，向他建议：“既然大家看重的是画家的名气，那不如干脆把名字遮住。”

画家大为震惊：“把名字遮住，岂不是更加‘无名’了？”但他还是精心挑选了几幅自己最得意的作品，将它们包裹得严严实实，只露出一个小角，然后放在咖啡馆的窗边、图书馆的书架旁……每幅画上都附有一张纸条，上面写着：“嘿，你找到我了。”

这迅速引起了人们的好奇心，他们开始探寻这位神秘画家的身份。渐渐地，这位画家的画作不再被忽视，他的才华也得到了大家的认可。

惯性思维	冲突点	逆向思维
通过广告等手段提升个人的名气，但不一定能奏效	年轻画家有才但得不到认可	制造神秘感，引发好奇心，吸引人们关注画家和他的作品

\没想到吧/

营销天才最擅长的是经营好奇心，制造神秘感。画家从朋友的话中得到启发，包裹画作，促使人们主动去发现画作的美。这一策略不仅有效地解决了画作被忽视的问题，还提升了画家的名气。

父母过生日时，我们也可以巧用“制造神秘”的策略，秘密筹备，精心挑选礼物，悄悄邀请亲朋好友制造惊喜，让这一天成为他们难忘的回忆。

吵闹有赏

有一位老人，他家门前有一块宽阔的大草坪。不知从什么时候起，一群调皮的孩子爱上了这块大草坪。他们每天早晨在草坪上追逐打闹，午后则在这里踢球玩耍，他们的欢声笑语打破了老人原本平静的退休生活。

一天，老人对这群孩子说："孩子们，你们的到来让原本冷清的草坪变得热闹非凡。为了表示感谢，我决定从明天开始每天奖励你们每人一块钱。"

第二天一大早，孩子们如往常一般来到大草坪上奔跑、打闹。老人按照约定，给他们每人奖励了一块钱。在接下来的好几天里，他们每天都能得到一块钱的奖励。

这天，孩子们打闹完，老人说："从今天起，我只能奖励你们每人 5 角钱了。”孩子们不满地接过钱，然后回家了。

第二天，孩子们打闹完，老人说：“从今天起，我只能奖励你们每人 1 角钱了。”“什么？才 1 角？”孩子们扭头就走，从此再也没来过。

惯性思维

直接严厉禁止或者驱赶，但可能会激起孩子的逆反心理

冲突点

老人想清静，但孩子很吵闹

逆向思维

将玩耍与奖励联系起来，奖励递减，玩耍动力也随之递减

没想到吧

奖励，可以是助力，也可能成为阻力。老人通过“奖励递减”策略，使孩子们从主动前来变成给奖励才来。随着奖励减少，孩子们的动力越发不足，就不再前来了。

如果你的弟弟妹妹痴迷于购买盲盒，你可以建议父母采用“奖励递减”策略来改变他们。首先，约定在一周内购买盲盒就有一个额外奖励。接着，逐渐减少奖励数额并延长时间间隔，从而使他们逐步减轻对盲盒的痴迷。

家产之争

一位老乡绅去世了。临终前，他给两个儿子分别留了一份家产。父亲在世时，大儿子总是被父亲要求让着弟弟，小儿子一直被教导要听哥哥的话，因此，两人私下里都认定父亲更偏心对方。父亲去世后，他们都怀疑对方的那份家产比自己的多，为此争吵不休。

一连好几天，兄弟二人为分家产的事争得脸红脖子粗，甚至还把亲朋好友请来评理。大家都建议他们公开自己的家产，当面进行比较。然而，兄弟俩担心对方会隐瞒真实数量，都不愿意这么做。

最后，他们只能去找县令断案。县令了解清楚原委后，说："既然你们都觉得对方的那份财产更多，不妨交换家产，这样你们不就都能得到

'多'的那份了吗？"两人同意了。

于是，在县令的监督下，兄弟俩互换了家产。这时，他们才发现两份家产一样多。从此，兄弟二人和睦相处，再无争执。

惯性思维	冲突点	逆向思维
比较家产的具体数目，进行公平分配，但都担心对方隐瞒真实情况	兄弟俩均怀疑对方得到了更多家产	互换家产，使每个人都能得到自己认为更多的那份家产

没想到吧

解决问题时，关注对方的心理需求有时比实际的物质分配更重要。县令建议交换家产，满足了双方对"多得"的心理需求，进而平息了争吵。

你是否时常觉得爸爸妈妈偏心家里的兄弟姐妹呢？如果有的话，不妨尝试和兄弟姐妹交换一些资源（比如时间、活动机会等），去体验对方的"待遇"，从而更直接地感受到父母公平公正的关爱。

打灯笼的盲人

73

夜色如墨，一位和尚行走在漆黑的小径上。行人匆匆，不时有人相撞，和尚也未能幸免。他继续前行，远远望见有人提着灯笼缓缓走来。这时，和尚听见旁边的路人嘀咕道：“这个瞎子真奇怪，明明看不见，却每晚都打着灯笼。”

等那个打灯笼的盲人走近，和尚上前问道：“你真的是盲人吗？”

“是的，我自出生起就从未见过一丝光亮，对我而言，白天与黑夜毫无差别。”盲人答道。

和尚更困惑了：“既然如此，你为何还要打灯笼呢？”

“我这是打给别人看的。”盲人说。

和尚被深深地触动了：“原来你是为了他人着想。”

盲人沉默了片刻，说：“不完全是。我打灯笼，照亮了别人，也让别人看到了我，这样他们就不会在黑暗中撞到我了。”和尚听后豁然开朗。

惯性思维	冲突点	逆向思维
盲人看不见，打灯笼也是多余的，白费灯油	盲人看不见，却提着灯笼出门	盲人提灯笼，既照亮别人，也能够提醒别人，避免撞到他

没想到吧

故事中，盲人以独特的方式向我们诠释了“盲人打灯笼——利人利己”。人与人之间的相互依存关系，远比我们所想象的更为深远。每一个帮助他人的举动，实质上也是在给自己铺设道路。

同理，如果我们每个人都积极践行环保行动，如减少垃圾排放、节约能源等，就相当于为全人类“打灯笼”，利人又利己。同学们，行动起来吧！

圆珠笔漏油的神奇解法

在19世纪30年代的欧洲，圆珠笔因书写便利且价格低廉，迅速赢得人们的青睐。制笔工厂看到商机，开始大量生产圆珠笔。但没过多久，圆珠笔就“失宠”了。原因是写一段时间后，圆珠笔前端的钢珠会因摩擦而变小脱落，笔芯里的油漏出，弄得满纸都是油渍。

为了改变这一状况，人们尝试了上千种材料，试图找到最耐磨的“圆珠”。最后，他们找到了钻石，它确实很坚硬，也不会漏油，但是太昂贵。

后来，日本的一个小企业主提出了一个想法：既然无法延长“圆珠”的寿命，那么为什么不尝试控制笔芯中的油墨总量呢？为了验证这一想法，他买来大量圆珠笔开始试验。经过反复测试，他发现圆珠笔在写到 20 000 个字左右时开始漏油。于是，他将油墨量控制在能够书写 15 000 ～ 16 000 字的范围内，有效解决了漏油的难题，圆珠笔又成了人们喜爱的书写工具。

惯性思维	冲突点	逆向思维
改进“圆珠”材料，使“圆珠”更耐磨，但找不到价廉又耐磨的材料	圆珠笔使用一段时间后会漏油	减少圆珠笔中的油墨量，使其在漏油前能够使用完

没想到吧

不能阻止“圆珠”磨损导致的漏油，那就减少笔管中的油墨量，使其在“圆珠”磨损到漏油前用完。有时，改变问题本身比直接解决问题更为有效。

如果你发现自己在学习时总是受环境的影响而分心，一味地逼迫自己集中注意力可能会令你更加痛苦。这时，你可以尝试换一个环境或改变自己，比如戴上隔音耳塞来解决这个问题。

总统府隔壁的幼儿园

75

伊夫的邻居荣升为国家总统，这个消息让伊夫欣喜不已。他坚信，与总统为邻的荣耀将使他的房产价值大幅飙升。于是，他满怀信心地将房子以三百万元的高价挂牌出售。

然而，他没想到的是，尽管许多人都梦想着与总统比邻而居，但他们更担心的是，过于靠近总统的住所可能会受到严密的监控，这让潜在购买者们望而却步。

正当伊夫准备放弃出售计划时，一个名叫奎尔的中年人毫不犹豫地买下了这栋房子。伊夫好奇地询问奎尔是否担心监控问题，奎尔的回答出人意料：“我更担心没有监控。”伊夫对此感到困惑，直到他看到奎尔将这栋住宅改造成了幼儿园。原来，奎尔深知，距离总统家越近，安保措施就越严密，幼儿园的安全问题就能得到更好的保障。

幼儿园建成后，奎尔巧妙地将“安保严密”作为宣传的亮点，吸引了众多家长前来报名。

惯性思维	冲突点	逆向思维
总统家附近安保措施严密，容易被监控，活动不自由	邻居变总统，房子卖不出去	总统家附近安保措施严密，适合买来建幼儿园

没想到吧

那些让你感到不安的短板，恰恰可能是独一无二的亮点。在他人眼中，严密的安保是问题、缺点，但在奎尔眼中，这是亮点、优点。他意识到严密的安保措施能够为幼儿园提供额外的安全保障。

你或许自认为性格内向，在社交场合中感到不自在。然而，内向的你往往拥有深邃的内心和出色的专注力，这些特质恰恰是你与众不同的魅力所在。

秀才的梦

古时候，有个秀才进京赶考，住在一家客栈里。考试前夕，他连做了两个梦。第一个梦是自己在高高的墙上种白菜，第二个梦是自己在下雨天既戴斗笠又撑伞。

这两个梦令秀才满心困惑，于是他去找朋友求解。朋友告诉他：“墙上种白菜意味着你‘白费力气’，既戴斗笠又撑伞意味着你‘多此一举’。”秀才极度沮丧，思索一番后，决定放弃考试，踏上回家的路。

临行前，秀才把这两个梦告诉了客栈的老板，老板却连连恭喜他。秀才觉得奇怪，忙问原因。老板笑着说：“墙上种白菜是‘高种（中）’，既戴斗笠又撑伞是‘有备无患’。这两个梦都预示着你这次考试一定会成功啊！”

秀才听后，心中的阴霾一扫而空，重新燃起了希望。后来，他带着客栈老板的祝福和鼓励，信心满满地走进了考场。最终，他凭借自己的才智和努力，考中了进士，实现了自己的梦想。

惯性思维	冲突点	逆向思维
消极解读，放弃考试或者消极对待考试	考试前夕，秀才做了奇怪的梦	积极暗示，往好的方向想，认真面对考试

没想到吧

如何看待问题十分重要。对于同一梦境，朋友的消极解读使得秀才极度沮丧，而客栈老板的积极暗示让他重新燃起了希望。

在学习一门新乐器或一个新知识点时，我们可能会感到力不从心，退堂鼓在心里打了又敲。这时，我们可以尝试给自己积极的暗示：万事开头难，勇于挑战自我本身就是一件很棒的事情。

官印失窃案

77

康熙年间，江南地区有个叫黄敬的知县。他刚上任，便遭遇了一件棘手的事——官印神秘失窃！黄知县心急如焚，却又不敢声张，只得暗中求助于师爷毕矮。

毕矮分析了一番情况后，说：“偷官印的人可能想让知县大人丢官。大人，您想想，有没有得罪过什么人呢？”黄知县想了想，说：“我上任不久，确实没得罪过什么人。不过，说起来，我确实批评过胡狱吏几次。”

毕矮沉思片刻，给黄知县出了一个主意。当晚，县衙后院突然起火，黄知县急忙让胡狱吏将官印盒带回家妥善保管，自己则忙着指挥众人灭火。

第二天，黄知县当众召见胡狱吏，让他将官印盒取回。

胡狱吏取回官印盒后，黄知县当众打开，发现官印完好无损，心中十分欣慰，他当即宣布：“胡狱吏保护官印有功，赏！”

就这样，黄知县不动声色地找回了官印。

惯性思维	冲突点	逆向思维
将可疑对象一一找来审问，但很容易打草惊蛇，使事情变得更糟	知县丢官印，但不敢声张	设计将空的官印盒交给可疑对象保管，为他制造归还机会

没想到吧

知县没有打草惊蛇，而是以火灾为契机，安排胡狱吏保管官印盒，使得偷印者在不知不觉中落入圈套。最后，不仅成功找回了官印，还通过当众赏赐胡狱吏保护官印有功，向其他人展示了知县的大度和公正。

如果你的身边有两个同学闹别扭了，你也可以运用这个策略，故意安排他们一起完成一个艰难的任务。在困难面前，两人吐露心声，重归于好。

毕加索卖画

毕加索是出生于西班牙的画家和雕塑家。年轻时，他为了艺术梦想独自来到巴黎。初到巴黎，他默默无闻且生活贫困。毕加索试图带着自己的画作去画店换取生活费，却因自己籍籍无名屡屡被拒于门外。

毕加索非常焦急，他的口袋里只剩下 15 个银币了，要是再卖不出画的话，他连回家的路费都没有了。

毕加索环顾四周，突然想到：“别人不买我的画，难道我就不能想办法让他们买吗？”

第二天，毕加索雇来几个大学生，请他们每天去各个画店询问：“有毕加索的画吗？”“在哪里能买到毕加索的画？”……不到一个月，巴黎大大小小的画店老板都对

“毕加索”这个名字充满了好奇。当他们好不容易盼到毕加索来卖画时，便毫不犹豫地花高价买下了他的画。

毕加索因此顺利渡过难关，继续在艺术之路上阔步前进。

惯性思维	冲突点	逆向思维
等待别人接受他的画，或者积极自我推销，但都很艰难	想卖画，但无名气，无人购买	既然没有知名度，那就找人打造名气，提升知名度

没想到吧

没名气不可怕，可怕的是不懂得打造名气。毕加索没有被动等待市场的认可，而是雇了几个大学生去画店表现出对他画作的兴趣，以此打造自己的名气，最终成功吸引了买家的注意。

初到新班级或者新环境中，你也可以借鉴此策略。主动参与班级活动，展示自己的热情和能力，引起他人关注，逐步与他人建立起沟通。

欲擒故纵

特殊的关照

79

有一段时间，有个国家的女性以戴帽子为潮流，大街小巷的女性都戴着各式各样、五颜六色的帽子。

她们戴着帽子到处游玩，看电影时也不例外。这让电影院的很多观众和工作人员十分苦恼，因为戴帽子的女性挡住了后面观众的视线，极大地影响了观影体验。

观众们向电影院经理反映情况，希望他能发布禁止在观影时戴帽子的通知。经理听后却微笑着摇头说：“这样不太妥当，或许我们应该允许她们戴帽子。”在场的人闻言都感到很困惑。

在影片放映前，屏幕上突然出现了一则醒

目的通告："本院特别照顾年老体弱的女士，允许她们戴帽子观看电影，无须摘下。"

这则通告出现后，戴帽子的女客们竟然都红着脸自觉地摘下了帽子。

惯性思维	冲突点	逆向思维
禁止女性戴帽子，但容易引起不满，甚至逆反心理	电影院里，戴帽女士挡住观众视线	允许年老体弱的女性戴帽子，激发观众自觉摘帽的意识

没想到吧

经理通过看似允许、实则暗示的方式引导人们自觉改变，比明令禁止更容易让人接受。考虑他人的感受并给予尊重，往往能更好地解决问题。

如果总是有人在午休时间的小区球场上打球，影响他人休息，我们也可以借鉴此策略，建议物业张贴一则温馨提示："本区域特别照顾年老体弱人士，允许他们在人们休息时适当运动。"既给予尊重，又巧妙暗示。

倒挂的招牌

80

老王怀揣着对美食的热爱，在一条马路边开了一家小吃店。然而，现实总是残酷的，尽管店址选在车水马龙的马路边上，但店内生意却始终冷清，鲜有食客光顾。

老王为此焦虑不已，他尝试了打折、送优惠券、推出新菜品等各种促销手段，但效果总是不尽如人意。有一天，老王望着对面川流不息的车辆和行人，突然灵感迸发，决定做一个大胆的尝试——将店招牌倒着挂。

这个倒着挂的奇怪的招牌很快就引起了行人的注意，大家纷纷驻足观看，拍照分享。

不久，这个招牌在社交媒体上引起了热议。许多人出于好奇，专门前来打卡。一时间，店门前排起了长队，生意火爆。

老王的小吃店，从一家默默无闻的小店，变成了人人皆知的美食地标。而这，都得益于那个倒挂的招牌。

惯性思维	冲突点	逆向思维
尝试打折、送优惠券、试吃等各种传统促销手段	店铺位置虽好，但顾客稀少	搞怪制胜，故意将店招牌倒挂，吸引行人的注意

没想到吧

不走寻常路，才能找到新大陆。老王用奇怪的招牌吸引了路人的注意，因为人们习惯于看到正面、规范的招牌，倒着挂的招牌自然成为一个独特的视觉焦点。

如果你在某个集体中感到难以融入，不必强行迎合他人。尝试展现你独特的一面，或许会引起他人的关注和兴趣，从而更易融入集体并获得认同。

蜜蜂效应

有一位大学教授做了一个有趣的实验，名为“蜜蜂效应”。这个实验的目的是研究蜜蜂和苍蝇在遇到困难时的不同反应。

教授将六只蜜蜂和六只苍蝇分别放入两个玻璃瓶中，盖上盖子，再将瓶子平放在桌上，瓶底对着窗户，瓶口朝向墙壁。实验开始后，教授将瓶盖打开。他发现蜜蜂们因为喜欢光线，误以为瓶底是出口，于是不停地在瓶底转圈，错过了真正的出口。最后，这群焦躁不安的蜜蜂都力竭倒地或饿死在了瓶底。而苍蝇们的反应却完全不同。它们在瓶子里飞来飞去，不断尝试各个方向。虽然它们不知道哪个方向是对的，但凭借不断的尝试，最终成功地飞了出去。

蜜蜂们或许没想到，它们引以为傲的经验，最后却成了困住自己的枷锁，剥夺了自己的生机。

惯性思维	冲突点	逆向思维
蜜蜂固守经验，将有光照进来的地方视为出口，但失败了	被困在瓶子里的昆虫想找到出口	苍蝇摒弃经验，不断尝试，最终获得成功

没想到吧

旧地图找不到新大陆，新大门需要新钥匙。蜜蜂正是因为过于相信过往的经验，刻板地遵循所谓的正确逻辑，才将自己困住了，找不到出口。而苍蝇毫不在意经验，不断尝试，最终成功飞出了瓶子。

我们在学习时也应当不断摒弃陈旧的观念，以开放的心态去接纳新知识、新技能，如此才能在浩瀚书海中乘风破浪。

下班，请回家

有一家科技公司，员工们每天都面临堆积如山的工作和一系列紧迫的截止日期。为此，他们不得不工作到深夜，第二天又早起上班。工作到深夜，次日继续早起上班……如此循环往复。但这样的努力并没有带来好的效果，过度劳累反而使员工工作效率低下。

公司管理层意识到这样下去不是办法，于是决定采取一种全新的工作制度，即将每天的工作时间限定为8个小时，所有人都必须按时下班，不能加班。

员工们纷纷摇头："每天加班加点都做不完的工作，8小时怎么可能完成？"

结果却让所有人大吃一惊。员工们发现：

工作时间变短后，他们的精力更集中了，工作更高效了。

随着时间的推移，大家都能够做到休息时愉快生活，上班时专注工作，所有人都变得积极又高效，项目的完成速度和质量都有了大幅提高。

惯性思维	冲突点	逆向思维
减少工作量，缩短工作时间，势必会影响公司的效益	过度劳累导致工作效率低下	缩短工作时长，员工工作效率大幅提升

没想到吧

实际上，遵循“少即是多”的思路，缩短工作时间，能够提高员工的专注力与精确度，从而大幅度提升工作效率。

盲目追求“加量”只会模糊焦点，让人在繁杂中迷失方向。比如在课堂上记笔记，如果记录所有内容，可能会使重点模糊，而集中记录核心知识点，能更好地帮助我们理解和记忆。

花了 5 万美元的“头痛药”

一家百货公司的老板去检查新招来的售货员的工作情况。他问：“今天你服务了多少位顾客？”

“一位。”售货员自信满满地回答。

“才一位？那你的销售额是多少呢？”

“58 334 美元。”

“什么？58 334 美元？怎么可能这么多？”

“这位顾客进来买东西，我先是卖给他鱼钩，又推荐了鱼竿和鱼线。接着，我问他去哪儿钓鱼，他说去海边。我便建议他买一只小汽艇，于是他买了一条 20 英尺长的快艇。当他提到他的车可能装不下这条快艇时，我又带他去买了一辆福特小卡车。”

"你是说，你把这么多东西卖给了一个只想买鱼钩的顾客？"

"不，他其实是来买头痛药的。我告诉他，除了吃药，还需要放松。我建议他去钓鱼放松一下。"

惯性思维	冲突点	逆向思维
想方设法吸引更多顾客进店，有了更多顾客，才有更多推销机会	售货员要达成业绩，但顾客少	深度挖掘进店顾客的潜在需求，将其转化为高额的交易

没想到吧

售货员把顾客对头痛药的需求延展为其对休闲生活方式的需求，从钓鱼切入，使得顾客欣然接受了计划外的商品。

有时候，不是人们没有需求，而是需求没有被发掘出来。假如你的爸爸最近因为肥胖而烦恼，那么减肥是他的原始需求。你可以建议他调整生活方式，比如饮食清淡、作息规律和积极锻炼，以满足健康生活的全面需求。

积极转化

一幅不完整的画

84

有一个商人在外洽谈完生意，正准备回家时，突然想到朋友的生日就要到了。于是，他买了一幅寓意富贵的牡丹图，打算作为生日礼物送给朋友。

在朋友热闹的生日聚会上，这幅牡丹图吸引了众人的目光，大家纷纷赞叹这幅画作栩栩如生、活灵活现。这时，一个小朋友却突然指着牡丹图大声说道："这上面有一朵牡丹没有画全呢。"

大家仔细一看，最上面那朵牡丹确实没有画完整，于是纷纷议论起来。

"没画全不就代表'富贵不全'吗？"

"是啊，这礼物送得太没诚意了。"

商人顿时又尴尬又懊恼。主人却笑着说：“这牡丹代表富贵，这没有画完的边，不正寓意着‘富贵无边’吗？”

商人听后，紧紧握住了朋友的手。从此，两人的关系更亲密了。

惯性思维	冲突点	逆向思维
努力解释，但说不清；换一个礼物，但来不及	未画全的画被解读为“富贵不全”	换一个角度解读，没有画完的边就代表“富贵无边”

没想到吧

积极的解读堪称缓解尴尬、驱散紧张的利器。故事中，商人的朋友对画作的不完美之处进行积极的解读，积极转化寓意，化解了送礼者的尴尬。

在社交场合中，这样的智慧同样适用。比如在聚会时不小心打破了玻璃杯，不妨将其解读为岁（碎）岁（碎）平安。发言时忘了词，你可以诙谐地说一句：“看来我的大脑临时去‘度假’了，让我在这里稍等片刻。”

缺斤短两给好评

秋高气爽之际，正是大闸蟹最肥美的时候。小明在网上购买了 8 只均重 3.5 两的大闸蟹，期待着和家人们一起品尝。然而，当他收到货时，却发现每只螃蟹不足 1.5 两。

小明很失望，立刻联系卖家，想要退货，但卖家以生鲜产品不退不换为由，拒绝了他，还关闭了差评功能。

小明十分气愤，但这愤怒并没有让他失去理智。他斟酌了许久后，去了一趟超市，精心挑选了 12 只又大又肥的螃蟹，每只足足有 4 两重。小明把螃蟹摆得整整齐齐，拍了一张照片，然后给店家写下了一条“好评”：“这家的大闸蟹每只都有 4 两重，还多送了我4只！真是太惊喜了！”这条评论很快引起了其他买家的注意。他们看到了小明的“好评”，再对比自己收到的螃蟹，纷纷要求退货。众多顾客的退货要求和投诉让卖家疲于应付，最终只好同意给小明和其他顾客退款。

惯性思维	冲突点	逆向思维
无法退款，只能吃亏；向平台投诉，手续繁杂	商家拒绝退换缺斤短两的商品	展示与实际不符的“好评”，引发其他买家一起投诉

\没想到吧/

小明巧妙地运用了“反向好评”的策略，通过发布与实际情况相反的正面评论，成功揭露了卖家的不诚信行为。

在网络购物或者线下消费时，如果遇到不公平的情况，你也可以建议爸爸妈妈使用此策略。在平台上“夸夸”卖家，以这种看似夸赞的方式引发更多的人发现卖家的不诚信行为并提出维权，促使对方不得不做出改进。

寻宝记

有一位勤劳的农夫，长年在外辛勤工作，只在春耕和秋收时回家，帮助妻子分担农活。

那年春天，农夫正准备回家播种，却不幸腿部受伤，不得不延迟归期。他托人给妻子捎去口信，告知她自己的状况。

妻子得知后愁坏了。她回信说：“我夜夜难眠，家里的地需要翻，但我身体不好，今年的收成可怎么办？”

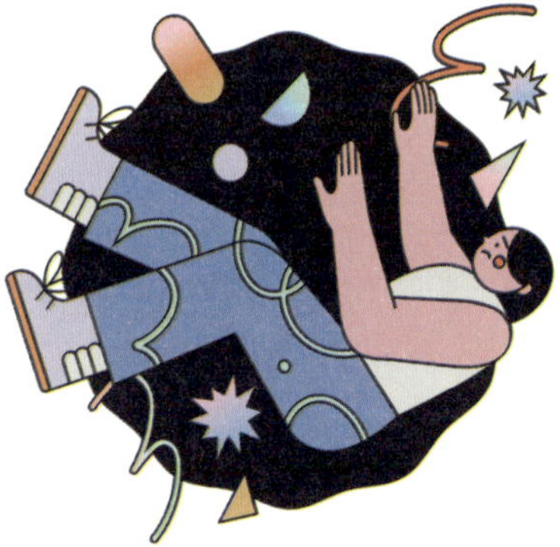

农夫收到妻子的信，感到十分愧疚。他思索片刻后，写下一张纸条：“亲爱的，别担心。去年冬天，我在咱们家的地里发现了宝藏。你先别翻地，等我回来一起挖掘。”

消息不胫而走，村里的人开始去农夫的地里寻找宝藏。半个月后，妻子来信，字里行间满是无奈：

“地里有宝藏的消息传开了，家里的地被盗宝的人翻了好几遍，但一无所获。”

农夫心中暗喜，回信道：“亲爱的，现在地已经翻好了，你可以安心播种了。”

惯性思维	冲突点	逆向思维
花钱雇用其他人来翻地，或延迟耕种	需要翻地，但农夫受伤	借鸡生蛋，巧妙地利用村民盗宝的行为，达到翻地的目的

没想到吧

勤劳吃苦固然好，借鸡生蛋更巧妙。农夫通过编造一个虚假的宝藏故事，促使前来盗宝的人主动“翻地”，解决了妻子独自劳作的难题。

在学习中，当遇到难题时，积极向老师、同学求助，或充分利用图书馆资源，这也是“借鸡生蛋”之良策。这样的借力，不仅丰富了我们的头脑，还能让我们的学习之旅更加轻松愉快。

聚焦核心

经典电影诞生记

87

著名的好莱坞大片《大白鲨》的主角是一只大鲨鱼。起初，剧组精心制作了一只机械鲨鱼，希望它能在电影中大放异彩。

然而，拍摄开始后，问题接踵而至。机械鲨鱼不仅不能撕咬，连游泳都成问题，更糟糕的是，它所用的材料竟然不防水，很快就变得像一个软绵绵的“鲨鱼棉花糖”。

此时，若换鲨鱼，经费不够，时间也来不及。面对这个棘手的问题，导演重新思考了电影的核心需求——传达鲨鱼带来的恐惧感。接着他又想，什么时候最令人恐惧？答案是：在海浪之中，看不见腿，而水底有未知的东西，这种看不见的未知才是最为可怕的。

于是，导演果断决定改变拍摄策略，只展示鲨鱼的一部分身体，让它在水中时隐时现，再配合上惊悚的音效，成功营造出了一种令人毛骨悚然的氛围。最后，电影如期上映，成为一部经典之作。

惯性思维	冲突点	逆向思维
重新制作能满足拍摄需求的机械鲨鱼，但经费不足，时间不够	机械鲨鱼无法满足拍摄需求	聚焦机械鲨鱼的功能，重新审视，调整拍摄手法

没想到吧

导演因为过于专注于机械鲨鱼的技术问题，而忽视了鲨鱼存在的核心意义——制造恐惧感。当他重新聚焦这一核心需求时，问题迎刃而解。

同样，当你和家人计划一次旅行时，可能会把行程安排得满满当当。然而，旅行的初衷是放松心情、开阔视野或体验不同文化。如果行程让你感到疲惫，不妨停下来，适时调整计划，选择更悠闲的旅行方式。

“瘦脸”全靠手臂

从前，有个太子命人在寺庙里铸造了一尊高一丈六尺的铜佛像。铸成之后，工匠们发觉佛像的脸太瘦，破坏了整体的美感。

这可让工匠们犯了难，因为要改变脸部的瘦弱感，似乎只能重新做一个坯模，耗时又耗钱。

于是，工匠们只好求助于一位著名的雕塑家。雕塑家并没有急于下结论，而是花了好几天时间，仔仔细细地端详佛像的每一个细节。终于，他发现了问题所在：“这佛像不是脸瘦，而是手臂和肩膀太肥了。”他告诉工匠，只要适当削减佛像手臂的厚度，就能使整个佛像看起来更和谐。

半信半疑的工匠们开始按照雕塑家的指导调

整佛像的手臂。经过一番努力，佛像的手臂变得修长又有力，与脸部形成了完美的平衡。人们无不对这名雕塑家的智慧称赞不已。

惯性思维	冲突点	逆向思维
打算重新做一个坯模，但是耗时又耗钱	铜像脸太瘦，破坏了整体的美感	使手臂变修长，在手臂的衬托下，达到脸部饱满的视觉效果

没想到吧

佛像的脸部之所以显得瘦，是因为它与粗壮的手臂形成了鲜明的对比。雕塑家通过调整手臂，巧妙地改变了相对性，使得脸部看起来饱满了许多。

生活中我们也可以运用“弱化对比”的策略。比如军训后皮肤被晒得黝黑，我们在穿衣服时就可以避开白色，选择浅蓝、浅绿、灰色等颜色来衬托肤色。

吵闹的洗衣机

洗衣机是现代家庭的好帮手，但在早期，它存在一个让人头疼的问题，即当洗衣机脱水时，脱水缸会剧烈摇晃，发出刺耳的噪声。

工程师们积极努力地寻找解决方案。他们首先尝试加粗转轴，期望增强其稳定性，但效果不佳。接着，他们又尝试使用更硬的材料制作转轴，结果不仅没有减轻摇晃，反而因硬材料的共振引发了更大的噪声和晃动。

就在大家一筹莫展时，一位工程师提出了大胆的想法：使用软材料制作转轴。这个想法乍一听似乎不合常理，因为软材料会使转轴更加不稳定，进而加剧摇晃。但工程师们还是决定试一试。

实验结果超出了所有人的预期。软轴在脱水缸高速旋转时，能够与外壳同步晃动，大大降低了噪声和摇晃程度。就这样，工程师们用这个看似不可思议的方法成功解决了脱水缸的晃动和噪声问题。

惯性思维	冲突点	逆向思维
加固或加粗转轴，却造成更大的噪声和摇晃	洗衣机脱水，脱水缸剧烈摇晃	换成柔软的转轴，跟随脱水缸一起晃动，降低噪声和摇晃程度

没想到吧

柔软往往意味着更具延展性和适应性。在故事中，工程师用看似柔弱的软轴，克服了洗衣机脱水时剧烈摇晃和噪声刺耳的“刚硬”难题。

我们和朋友产生冲突和矛盾时，也可以运用“以柔克刚”的策略。避免使用激烈的语言或威胁性的语气，而是以温柔而坚定的话语表达观点。这可以使对方放下防备，愿意进行平等对话，为解决冲突创造有利条件。

不战而胜的战争

春秋时期，齐桓公雄心勃勃，企图吞并周边的鲁国和梁国，却一直没有找到可行的办法。齐桓公深知，如果直接发起战争，不仅劳民伤财，而且胜负难料。

一天，齐桓公向管仲征求意见。管仲建议齐桓公带头穿着绨服，并指示大臣们也改穿绨服，同时下令齐国百姓一律禁止织绨。齐桓公采纳了这一建议，并迅速实施。

齐国的王公贵族穿上了绨衣，百姓们见状纷纷效仿。很快，齐国的绨制品价格大幅上涨。

此时，鲁国和梁国的百姓看到商机，纷纷种桑织绨。然而，由于粮食价格低廉，无人愿意耕种，致使农业严重荒废，粮食产量减少，两国的粮食供应出现了严重短缺，人民生活陷入困境。

最后，因为粮食短缺，鲁国和梁国不得不向齐国求和。就这样，齐国未动用一兵一卒，就赢得了这场“战争”。

惯性思维	冲突点	逆向思维
直接发动战争，但成本高，风险大，胜负难料	想吞并他国，但不想劳民伤财	诱使鲁、梁百姓种桑织绨，荒废农业，以致粮食短缺，不战而败

没想到吧

在这个故事中，管仲运用了以虚务实的策略，通过制造虚假需求，诱导鲁国和梁国放弃其实际优势——农业生产，实现了不战而屈人之兵。

假如你的好朋友学习动力不足，那么你也可以尝试运用“以虚务实”的策略来帮助对方。比如通过分享名人故事，制造出对成功的强烈向往（虚），从而促使对方更加积极地投入学习，提升学习动力（实）。

生死签

在古代欧洲的一个国家，死刑犯可以通过抽签来决定自己的命运。规则很简单：制签人将“死”和“生”写在两张签上，抽到“生”签的人可以被赦免。

有一次，一个无辜的老农夫被人陷害，被判处死刑。但老农夫的仇人还不死心，担心他可能抽到“生”签，于是贿赂了制签人，将两张签上都写上了“死”。

到了抽签那天，老农夫毫不犹豫地随手抓起一张签，然后将它撕得粉碎，随口说道：“是死是活，我都接受命运的安排。”

围观群众一片哗然，制签人则面色苍白。在众目睽睽之下，他只能颤抖着手打开剩下的那张纸条，上面赫然写着“死”字。制签人不敢暴露自己的作弊行为，只好宣布老农夫撕碎的那张签上原本写的是“生”字。

就这样，老农夫成功地保住了自己的性命。

惯性思维	冲突点	逆向思维
接受命运的安排，放弃挣扎，难逃死路	两个都是“死”签，但想活命	毁掉一签，使制签人不得不承认老农夫抽到的是“生”签

没想到吧

老农夫通过制造信息的不确定性，利用对方不敢暴露作弊行为的心理，间接地证明了自己的“幸运”，最终实现自救的目的。这种方法通过转移焦点，巧妙地扭转了不利局面。

假如你在解数学难题时感到不确定和困惑，可以通过排除错误思路来找到正确答案。这一过程不仅可帮助你加深对知识的理解，还能培养你的逆向思维能力。

失窃的袜子

最近，袜子厂厂长发现厂里的袜子频繁失窃，损失惨重。于是，他下定决心一定要找出偷袜子的人。

起初，厂长以为是外部人员盗窃，于是加强了厂区的安保措施，安装了更多监控摄像头，并增派保安巡逻。但失窃事件非但没有减少，反而愈发严重。因此，厂长将小偷锁定在员工之中。

之后的一周，他命令保安在下班时对所有员工进行搜身检查，可并没有查到员工有将袜子带回家的行为。

找不到偷袜子的贼，袜子还在不断失窃，厂长为此头疼不已。一天，新上任的副厂长向他建议：既然在出厂时没有查出偷带袜子回家的人，不如在进厂时进行检查。

厂长虽觉得提议荒谬，但苦于没有更好的办法，还是决定试试。没想到，这一试竟让他发现了失窃的真相。原来，有些员工为了偷袜子，竟然每天上班时不穿袜子，等下班后便堂而皇之地穿着袜子离开。

惯性思维	冲突点	逆向思维
查查是谁多带了东西出厂，但没并未发现异常	袜子厂频繁失窃，但找不到小偷	查查是谁少带了东西进厂，找到小偷

没想到吧

厂长最初想到的是查下班时带袜子出厂的行为，而在新副厂长的建议下，他们反向溯源，检查上班时未穿袜子进厂的行为，成功找到小偷。

与同学发生争吵时，你不妨也试试“反向溯源”策略。先从争吵结果入手，思考同学为何会有如此反应。回顾自己的言行，找出可能触碰到对方敏感点的言辞或行为。通过反向分析，能更深入地理解对方的感受，从而调整自己的沟通方式。

写错字的语文老师

林老师是位新晋的班主任，却凭借出色的教学管理能力迅速改变了全校纪律最差的班级。老师们纷纷请求林老师举办公开课，期望能从中学到经验。林老师欣然应允。

举办公开课那天，教室后面坐满了听课的老师。大家都对林老师的教学充满期待。课程进行到一半，一些学生开始做起了小动作。就在这时，一名学生突然举手说道：“老师，您好像写错了一个字。”他的话吸引了所有人的注意，学生们躁动起来，老师们也议论纷纷。

林老师微笑着邀请这名学生到黑板前指出错别字并写出正确的字。随后，林老师当众表扬了这名学生。在接下来的课堂中，学生们都表现得格外认真，每个人都希望能成为下一个“纠错员”，从而获得赞扬。

公开课结束后，老师们笑着问林老师：“您是故意写错字的吧？”林老师幽默地回答：“这是一场专注力挑战。”

惯性思维	冲突点	逆向思维
用传统的课堂纪律来约束学生，但容易引起学生的逆反心理	上课时学生不能长时间集中注意力	故意写错字，吸引学生的注意力，促使学生认真听课“纠错”

没想到吧

林老师故意制造错误，通过表扬纠错的学生，激发学生追求表扬的动力，促使学生认真听讲，从而有效改善了课堂纪律，可谓一举多得。

如果你发现爸爸妈妈发生争吵且互不搭理，你可以尝试提出一个不太合理的和好计划，以此引起他们的关注和讨论。这样可以促使他们交流，增加互动机会，进而缓解矛盾，改善家庭氛围。

保留敌方狙击手

战场上硝烟弥漫，战斗激烈地进行着。双方士兵都倾尽全力，但战况异常胶着，胜负难分。后方的将军心急如焚，决定亲赴前线，以期找到突破口。

突然，将军的目光定格在远处敌方阵地上的一个狙击手身上。狙击手在石头后面躲躲闪闪，不时地朝他们这边射击。但奇怪的是，那些子弹仿佛被施了魔法，总是偏离目标，没有伤到这边的任何一个士兵。

将军转身询问旁边的副手：“咱们的士兵难道没发现那个狙击手吗？”副手平静地回答：“将军，我们早就留意到他了。”

将军一听，顿时面露愠色：“既然早就发现了，为何不派人去把他解决掉？”

副手惊讶地看着他说道：“将军，你疯了吗？把他干掉，让他们换一个开枪准的狙击手来吗？”将军这才恍然大悟。

惯性思维	冲突点	逆向思维
消灭所有敌人才能保护自己	战况胶着，难以打破僵局	保留枪法不准的狙击手，就是在保护自己

没想到吧

不消灭敌方狙击手，保留这一威胁，是为了避免出现更大的威胁。这种做法看似利他，实则利己。

有一些凶猛的野生动物可能会对人类活动造成一定威胁，然而如果将它们消灭，就会破坏食物链的平衡和生物的多样性，进而导致严重的生态问题。因此，保留这种“威胁”，可以抵御更多风险。

比慢大赛

一天，阿木的父亲组织了一场别出心裁的骑马比赛，规则是比谁的马跑得慢。

比赛开始后，骑士们一个个眉头紧锁，紧紧地拽着缰绳，谁也不希望自己的马比别人的快。

太阳快下山时，比赛结果还未见分晓，人群中不满的抱怨声此起彼伏。阿木的父亲觉得有失颜面，心里也越来越着急，只好传令下去：“谁能想办法结束比赛，评出跑得最慢的马，定有重赏！”

这时，阿木站起来对父亲说：“让孩儿试试吧！”

阿木随即让骑士们互换马匹，重新开始比赛。此时，每个骑士都希望别人的马跑得更快，超过自己的马，以便让自己原来的马有获胜的机会。所以，他们一个个都策马扬鞭，奋勇争先。

比赛很快就有了结果，而冠军就是原本跑得最慢的那匹马。

惯性思维	冲突点	逆向思维
增加干扰，使马跑起来，但缰绳在骑士手中，可能很难起效	比慢大赛，但慢到无法结束	将骑士的目标从使自己的马变慢变成使别人的马变快，推动进度

没想到吧

骑士们原本的目标是让自己的马跑得慢，这导致比赛进展缓慢。而阿木运用换马这一举措巧妙地调转了他们的目标，加快了比赛进程，最终评出跑得最慢的马。

同样的策略可以应用于家中的小弟弟、小妹妹不爱收拾玩具的问题。可以将收拾玩具的目标调转为拯救玩具、帮玩具回家之类的趣味目标，这样一来，收拾玩具就变成了一种有趣的挑战，而非单纯的负担。

以退为进

为一把伞做赔本生意

96

从前有个富商，为了躲避动荡的局势，他将全部财产换成了银票并藏进了一把特制的油纸伞的伞柄里。然后，他乔装成普通百姓，带着这把伞准备回家乡。

途中，富商在凉亭里打了个盹，醒来后发现那把雨伞不见了。富商很快就冷静了下来，他仔细查看后发现随身携带的包裹还在。由此，他断定拿走雨伞的是个顺手牵羊的路人。

富商决定留在此地，尝试找回那把雨伞。他买了修伞的工具，开始做起修伞的生意。可两年过去了，富商还是没找回自己的雨伞。他想，有些人的伞坏了会选择换新的，于是决定推出“旧伞免费换新”的活动。

没过多久，一个中年男子匆匆带来了一把破旧的油纸伞。富商仔细一看，竟是自己苦苦寻找的那一把。更让他惊喜的是，伞柄完好无损。他不动声色地给那人换了一把新伞，随后带着旧伞连夜启程回乡了。

惯性思维	冲突点	逆向思维
发寻物启事，但容易引人怀疑；以修伞匠的身份找，但太被动	想找回丢失的雨伞，但找不到	推出以旧换新活动，吸引可能拿走伞的人主动前来换新伞

没想到吧

退一步，是为了前进一大步。富商的“旧伞免费换新”活动，看似在做赔本生意，是“退”，其实是为吸引偷伞者主动现身并还回雨伞，此乃“进”。

学习亦如此，当遭遇瓶颈时，可以暂时减少在学习方面的时间投入，调整策略。这看似是在退缩，实则能让你跳出困境，重拾自信。经过方法或状态的调整，你往往能突破瓶颈，取得更优异的成绩。

设身处地

把木梳卖给和尚

97

三个大学生去应聘销售员，负责招聘的经理给他们出了一道题：向和尚推销木梳，三天后回来汇报销售情况。

三天后，三人陆续回到了公司。第一个大学生告诉经理：“我一把木梳也没有卖出去，因为和尚根本就不需要梳头。”

第二个大学生告诉经理：“我卖了10把。寺庙里风很大，方丈说香客拜佛时头发乱七八糟是对佛的不敬，所以我建议他在佛堂放一把梳子，这样香客拜佛前可以先梳理一下头发。方丈觉得有道理，于是买了10把梳子。”

第三个大学生告诉经理：“我卖了1 000把。我进了寺庙，对方丈说，宝寺香客多，我们可以在梳子上刻上‘积善梳’和寺庙的名字，把它当作纪

念品送给捐功德钱的香客，还能为寺庙做宣传。方丈听了很满意，买了1 000把。”

经理听完，微笑着对第三个大学生说：“恭喜你，你被录用了。”

惯性思维	冲突点	逆向思维
强调木梳的梳理功能，但和尚没有头发可梳，很难卖出去	需要向和尚推销木梳	扩大梳子的用途，为寺庙提供合理的建议，互利互惠。

没想到吧

高级的销售会为对方着想，替对方做打算。第三个大学生从寺庙的利益出发，将商业交易转化为互利合作，从而获得了寺庙方丈的认可。

如果同学们乱扔垃圾，我们不妨站在他们的角度去检视问题。从他们的实际需求出发，合理设置垃圾桶的位置，适当增加垃圾桶的数量，使扔垃圾更加便捷。大家齐心协力，共同营造整洁的校园环境。

制度制约

罪犯运送记

98

从前，有个国家的君主为了惩罚一些罪犯，决定将他们送往一个遥远的小岛。

一开始，负责这项事物的官员按上船犯人的人数支付船主费用。结果，船主为了牟取暴利，尽可能多地装人，致使船舱拥挤不堪，空气浑浊。犯人在船上的平均死亡率高达12%，有一艘船的死亡率甚至达到了37%。

官员们想了很多办法。他们先是对船主进行道德教育，但是情况没有丝毫改善。接着，他们又派人进行监督，并配备随行医生，制定生活标准。可没多久，船长就贿赂监督员，还谋害不愿同流合污的人，监督失效了。

后来，官员们改变了支付方式，不再依据

上船人数付费，而是根据到达小岛的犯人数量和健康状况来付费。船主为了获得更多的报酬，只好改善犯人的生活环境，确保他们能健康抵达。

如此一来，犯人的死亡率急剧下降，甚至创造了零死亡的纪录。

惯性思维	冲突点	逆向思维
寄希望于船主良心发现，或派人监督船舱条件，但都失败了	用船只运送犯人，但要保证健康	将船主收入与犯人的生存状况挂钩，促使船主保证犯人健康

没想到吧

好的制度，能够克制不好的人性。按上船人数付费的制度刺激了船主贪婪的人性，而按下船人数付费的制度则抑制了其唯利是图的人性。

垃圾分类也是如此，单靠颁布强制政策往往效果不佳。但如果正确分类垃圾可以获得积分，且积分能兑换学习用品或零食、玩具，同学们也许能更积极主动地进行垃圾分类。这便是好制度对人的引导与激励作用。

富豪吃瓜术

20 世纪 30 年代，美国有一位年轻人，他每天都想着如何成为富翁。为了实现梦想，他决定去找当时美国最富有的人——美孚石油公司的创始人洛克菲勒请教。

年轻人来到洛克菲勒家门口，洛克菲勒问明他的来意后，便把他请进了屋。洛克菲勒告诉年轻人，今天家里的佣人都放假了，只有一个西瓜可以用来招待他。

他将一大块西瓜切成大小不一的三块，问年轻人："如果这三块西瓜代表你未来可能得到的利益，你会怎么选择？"年轻人毫不犹豫地拿起了最大的那块，洛克菲勒则拿了最小的一块。当年轻人还在吃最大的那块时，洛克菲勒已经吃完他的那块，又拿起了另一块。年轻人恍然大悟：

虽然自己拿到了最大的一块，但洛克菲勒的两块加起来比他那块大多了。

吃完西瓜，洛克菲勒分享了自己的经历，他告诉年轻人：“成功的秘诀在于学会割舍最大的那一块。”

惯性思维	冲突点	逆向思维
选最大的，因为它意味着最大的利益	三种大小不一的利益，怎么选	把目光放长远，先选小的占据先机，积累成更大的利益

没想到吧

有时候，人们常常只见树木，不见森林。年轻人只关注单块西瓜的大小，这是对局部的关注；而洛克菲勒则着眼于三块西瓜的整体，选择了看似较小但最终总量更大的组合。

如果你有机会组织集体活动，也应当着眼全局，综合考虑所有人的喜好，而不是仅凭个人喜好安排活动内容。只有这样，才能维护集体的团结与和谐。

垃圾变美元

1974 年，美国政府遇到一个棘手的问题，自由女神像翻新工程留下的大量废料需要清理。尽管政府公开招标，但没有一个人愿意接这个活。这些废料包括铜块、螺丝和木料……堆积如山，清理成本高，投标只会亏本。

麦考尔听说了这件事后，立刻飞往纽约，毫不犹豫地以 3 500 美元的价格投标，并顺利签下合同。

纽约的运输公司都在暗地里嘲笑他，因为纽约州对垃圾处理有严格的规定，一不小心就可能被环保组织起诉。然而，麦考尔有自己的打算。他组织工人对废料进行分类，命人把废铜熔化，铸成小自由女神像，把水泥块和木头加工成底座，废铅、废铝做成纽约广场的钥匙。最后，他甚至把从自由女神身上扫下来的灰包装起来，出售给花店。

不到 3 个月的时间，麦考尔让这堆废料变成了 350 万美元，价格整整翻了 1 000 倍。

惯性思维	冲突点	逆向思维
压缩利润空间，降低处理要求，费力不讨好	废料需要处理，但无人应标	将废料细分处理，挖掘其独特用途，变废为宝

没想到吧

知识为我们打开了认识世界的窗户，而想象力则是创造世界的画笔。麦考尔凭想象力将废料点石成金，把垃圾变成了宝贵的财富。

同样，我们的情绪垃圾也能变成宝贝。当你感到沮丧、愤怒或焦虑时，不妨试试通过写作、画画等来排解自己的情绪。这样一来，你的负面情绪就能转化为一篇好的文章或一幅美的画卷使你的压力得到释放。

失而复得的牛肉

小王在超市买了一块牛肉，付完款，取了小票，却不小心把牛肉落在了收银台。回到家，小王才想起来，只好返回超市寻找。然而，他在收银台周围转了一圈也没看到自己买的那块牛肉。

小王只好问收银员：“您好，我刚刚买了一块牛肉，付了钱却忘记带走了，您能帮我找一下吗？”“不好意思，商品遗失我们概不负责。”收银员淡淡地说。

小王丧气地回到家。妻子得知后，拿着小票来到了收银台：“您好，我刚刚买了东西，回到家发现小票上多算了一块牛肉钱，但我没有买牛肉呀！”收银员一听，担心是自己工作失误，立刻带着小王的妻子去查看监控。

收银员在监控里看到，小王付过钱的牛肉被理货员误以为是未付款的商品，放回了生鲜区。小王的妻子随即解释了真实情况，超市工作人员意识到发生了误会，主动帮助他们找回了牛肉。

惯性思维	冲突点	逆向思维
以“我”的得失来提问，不易引起对方的重视	想找回付了钱却忘带走的牛肉	以对方的得失来提问，引起对方的重视

没想到吧

想要引起对方的重视，就要从对方的得失出发。按照小王妻子的方式提问，超市工作人员会担心是自己工作的失误，他们必然会重视。

假如你的同桌上课时总是做小动作，影响了你。你也可以从对方的得失角度来劝说他（她）：“你注意到了吗，每次你开小差的时候，老师讲的重点你都错过了，这会影响你的学习的。”

全副武装保卫土豆

在很久很久以前的法国，土豆种植尚未得到推广。不过，著名的农学家安瑞·帕耳曼切先生在品尝过炸土豆片后，对其赞不绝口，决心推广土豆种植。

然而，人们虽然没有吃过土豆，却对它充满偏见。医生觉得土豆有害健康，农民担心它会使土壤变贫瘠，他们甚至称土豆为“鬼苹果”。这让安瑞·帕耳曼切先生犯了难。

一次，安瑞·帕耳曼切先生有幸见到国王，他向国王要了一块非常贫瘠的地作为试验田来种土豆。接着，他又请求国王派一支卫队看守土豆地，理由是防止有人偷吃后出现问题。国王欣赏并信任他，答应了这个请求。

于是，全副武装的卫队每天守卫着土豆地。这一异常情况激起了周围人的好奇心。白天人们无法靠近，到了晚上，一些胆大的人就想尽办法潜入地里偷土豆，然后种在自家园子，想一探究竟。

就这样，土豆种植逐渐蔓延开来，最终走进了千家万户。

惯性思维	冲突点	逆向思维
积极宣传土豆的价值，纠正公众的偏见	想推广土豆，但公众对其有误解	制造神秘感，激发公众好奇心，促使他们自愿尝试种植土豆

没想到吧

神秘的事物总是充满吸引力。国王赐予的贫瘠土地上种着奇怪的植物，且还有卫队看守，这很难不引起人们的好奇。安瑞·帕耳曼切先生正是利用人们的这种好奇心，成功推广了土豆的种植。

我们在写作文的时候也可以运用这种策略。开篇先讲述一些奇怪的事情或者现象，以此勾起读者的好奇心，引发读者的思考和兴趣。

借鸡逃生

哈莉特·塔布曼是一位杰出的废奴主义者，为许多黑人奴隶提供了逃生的机会，而她本人也曾是奴隶。

有一次，塔布曼把两个奴隶藏在箱子里，赶着骡子离开了奴隶主的庄园。那是个安静的下午，路上几乎看不到行人，更没有人来查问箱子里装的是什么，一切都十分顺利。可就在她们快到安全地带的时候，意外出现了——塔布曼的旧主人正迎面走来。

这么窄的路，想要躲过去肯定是不可能的，而回头也来不及了。就在这紧要关头，塔布曼镇定自若地朝前走去。走着走着，装在口袋里的母鸡突然“逃”了出来。“停下！别跑！”塔布曼叫嚷着，赶着驴子追了过去。母鸡听到声音，吓得“咯咯”直叫，翅膀胡乱扑腾，扬起一阵尘土。奴隶主生怕弄脏自己的衣服，赶紧躲到了一边，压根儿没留意这个女奴。

就这样，塔布曼躲过一劫，帮助两名奴隶顺利逃到了安全地带。

惯性思维	冲突点	逆向思维
寻找掩护或者迂回绕行，但时间来不及，条件不允许	帮奴隶出逃，但遇到了奴隶主	制造混乱，将奴隶主的注意力转移到无关紧要的事情上去

没想到吧

按部就班不一定好，制造混乱或有奇效。塔布曼借助母鸡制造混乱，使得奴隶主自顾不暇，无暇留意她这边，从而成功带人逃离。

在同学聚会时，如果大家都很拘束，气氛尴尬，我们可以尝试制造混乱来打破僵局。比如突然抛出荒诞的话题，或者说些无厘头的笑话，也可以故意犯点儿低级错误，或许这样能让大家的紧张感逐渐消散。

给车胎放气

104

周末，小月的爸爸开车带着全家去郊游。

快到目的地时，路上突然堵车了。大家在车上等了半个小时，车辆长龙仍然一动不动。无奈之下，爸爸决定下车去前面查看情况，小月也跟着爸爸一起下了车。

他们走到最前边，发现前方的桥下有一辆货车，这辆货车由于装载的货物过高，无法通过桥洞。

虽然高度只超了一点点儿，但司机尝试了各种方法都未能成功通过。最后实在没办法，只能考虑将车上的货物搬下来。但货物捆绑得结结实实，短时间内根本无法卸下来。

看到司机急得满头大汗，小月说：“叔叔，你可以试试从下面动手，给每只车胎放掉一点儿气，车子不就变矮了吗？”

司机一听，茅塞顿开，连忙着手解决问题。果然，放了一点儿气后，货车的高度降低了。经过几番调整，货车终于成功通过了桥洞。

惯性思维	冲突点	逆向思维
将车上的货物卸下来，过桥洞后再装上去，费时费力	货车要过桥洞，货物太高过不去	给货车车胎放掉一点儿气，让车子变矮，顺利通过桥洞

没想到吧

遇到货车无法通过桥洞的问题，人们通常是从上方着手，卸下货物降低高度。小月却从下方着手，建议放气降低车身高度，更便捷地解决了问题。

在学习中，我们也可以运用“从下解决”的策略。先从基础知识入手，掌握基本概念，然后再逐步学习复杂的内容。通过扎实基础，能更好地理解和掌握更高深的知识。

米开朗基罗修改《大卫》

105

一次，佛罗伦萨市政长官热情地邀请雕塑家米开朗基罗，希望他能把一块巨型大理石雕成栩栩如生的人像。

来到佛罗伦萨后，米开朗基罗迅速投入紧张的工作中。两年半后，塑像终于矗立在了市政广场上。

揭幕那天，市政广场人声鼎沸。市政长官煞有介事地站在雕像前，端详再三，突然沉下脸说："鼻子太高了一点儿，该削平一些。你们看，是不是有这个问题？"他身后的官员们虽然都不懂，但却纷纷附和，要求米开朗基罗修改。

米开朗基罗的学生们都吓坏了，因为这个鼻子根本没有问题，市政长官只是想卖弄权力罢了。但米开朗基罗，这个几乎不修改作品的大师，居然镇定地答应了。

他拿起工具，爬上雕像，大理石粉簌簌落下。市政长官看后，满意地点了点头。

后来，学生们才发现雕像的鼻子根本没有任何变化，米开朗基罗只是提前在手里藏了石粉而已。这件作品就是后来举世瞩目的《大卫》。

惯性思维	冲突点	逆向思维
据理力争，但对方不可能听；直接拒绝，又会给自己惹来麻烦	完美的作品被无知的人胡乱干涉	假装顺从，制造修改假象，使胡乱指挥的人感到满足

没想到吧

米开朗基罗假装顺从，既避免了公然违抗市政长官的命令，又巧妙地维护了自己的艺术尊严，不让不懂艺术的市政长官随意破坏自己的作品。

在面对坏人时，这种策略同样适用。通过表面的顺从，能够暂时稳定对方的情绪，避免矛盾激化，同时为自己争取宝贵的时间，寻找逃脱或求助的机会。

消防水管排水雷

在一个风平浪静的月夜，一艘驱逐舰静静停泊在海湾中。一名士兵在甲板上巡逻，目光突然被一个从不远处漂来的乌黑圆物锁定，他惊恐地认出那是一枚触发水雷，正随着退潮悄然漂向军舰中央。

刹那间，警报声撕裂了夜空，舰员们纷纷涌上甲板，愕然地盯着那枚逐渐逼近的死亡水雷。军官们迅速商讨对策：立即起锚或找人去拆除引信，时间来不及；用枪炮击毁水雷，水雷紧挨弹药库，风险巨大；放下小艇用长杆携走，可那是一碰即炸的触发水雷，绝对不行。大家都被绝望笼罩，有的匆忙套上救生圈，有的在胸前默默祈祷。

就在这千钧一发之际，一名士兵大喊：“把

消防水管拿来！” 大家瞬间回过神。十几条消防水管向舰体和水雷之间的海面喷水，硬生生制造出一股向后的水流。水雷乖乖随流漂远，随后舰炮怒吼，将其炸了个粉碎，危机成功化解。

惯性思维	冲突点	逆向思维
阻止水雷，但水雷一碰就炸；把军舰开走，但来不及	水雷碰到军舰会引发爆炸	用消防水管造出水流，引得水雷漂远

没想到吧

面对水雷时不采取常规的处理手段，而是通过制造水流慢慢改变水雷位置，这种看似绕远路的做法，最终却能成功达到目的

绕远路，先抵达；慢慢来，比较快。写作业、考试时，我们也可以运用“迂回避险”策略，遇到难题先绕开，不要让它成为时间杀手，阻挡你往前推进的脚步。

责任转移

107

一张告示解千年难题

春秋时期，楚国的令尹孙叔敖在芍陂县主持修建了一条水渠。这条水渠又宽又长，可以灌溉大片农田。但每到干旱之时，沿渠的农民就会在干涸的堤岸上种植庄稼。而雨季，雨水增多，水渠水位上升，农民为了保住自己的庄稼，就会偷偷在堤坝上挖开口子放水。如此一来，这条原本用于灌溉的水渠反而成了水害的根源。

历代芍陂县的官员都感到十分无奈。每到渠水暴涨成灾时，就只能调动军队修补堤坝，堵塞漏洞。

直到1 000多年后的宋代，李若谷担任知县。他出人意料地把以前集结的护堤军队全部遣散，还让杂差贴了一张告示。告示上写着：“今后凡是水渠决口，本县概不抽调任何军队护堤，只抽调沿渠百姓自行修堤。”

此后，沿堤的百姓因害怕在水患时被抓去救灾，再也没有人为保护自家的庄稼而擅自挖堤放水，堤岸上种的庄稼也越来越少。

惯性思维	冲突点	逆向思维
加固堤坝，完善修补措施，但无法从根本上解决问题	水渠总被私自破坏，引发灾患	让沿渠百姓修堤，使他们主动约束自己，不再偷偷挖堤放水

没想到吧

在李若谷担任知县前，修堤、护堤的责任由军队承担，百姓只是受益者，这使得他们缺乏维护堤坝的主动性。而李若谷将责任转移给沿渠百姓后，百姓为避免水患时被抓去救灾，自然会更自觉地维护堤坝的完整。

如果事不关己，人们往往不愿主动担责，所以责任转移十分重要。如在班级中定期轮换劳动委员，让每个同学都体验到这份责任，班级卫生问题才会得到有效改善。

给国王送毒药

有位著名的喜剧演员外出度假时，收到急电需立即返回巴黎。然而，他发现钱只够付旅馆费用，不够买车票回巴黎了。为此，他左思右想，一夜未眠。

第二天早晨，他走出旅馆，买了两瓶便宜的酒，又寄了一封信回巴黎。接着，他在纸上写了几个字贴在酒瓶上，然后拎着两瓶酒大摇大摆地回了旅馆。工作人员看到他，大吃一惊，立刻报警。不一会儿，警察就赶来将他逮捕，并按规定把他解送到了巴黎。

这位常为国王演出的喜剧演员到达了巴黎后很快被释放。因为国王看了那封说明事情来龙去脉的信后，不但没有生气，反而被这有趣的情节逗得哈

哈大笑，对他的机智颇为赞赏。

那酒瓶上到底贴的是什么字呢？一瓶贴着“给国王的毒药”，另一瓶贴着“给王后的解药”。

惯性思维	冲突点	逆向思维
找朋友借，但这里没朋友；让家人寄，但时间来不及	有急事要回巴黎，但没钱买车票	故意引起警察的注意，借助警察和制度的力量，免费返回巴黎

没想到吧

借风才能行远船。那位喜剧演员正是通过制造与王室相关的“危机”，从而借警察之力免费回到了巴黎。

身为班干部，学会借同学之力也至关重要。让每位同学承担班级管理任务，充分发挥各自的特长，大家齐心协力，便能形成强大的合力。如此一来，班级管理将更加高效，自己的工作也会更加轻松。

毁画救恩师

这一年，市政府经过层层筛选，选定青年画家鲁本斯的老师——老画家莫里斯负责新落成的火车站的装饰工作。市长希望在候车大厅绘制一幅巨大的壁画，既要展现本市特色，又要具有较高的艺术性。莫里斯欣然应允，这对他来说是为家乡做贡献、给后代留文化遗产的好机会。

师徒俩耗时七个月，终于完成了最后一笔。莫里斯站在架高的平台上，欣赏着自己的杰作。由于这幅画很大，他不得不往后退以便观赏。他不知不觉地一步一步向后退。鲁本斯惊恐地发现，老师只要再往后退一步，就会从平台上摔下去，粉身碎骨。在这千钧一发之际，他立刻从地上提起一桶颜料，装作要朝壁画泼去的模样。

“你这是要干什么？”莫里斯气得跳向前来。他正想兴师问罪，却发现鲁本斯面色苍白，用颤抖的手指着平台边缘，一句话也说不出来。

莫里斯这才恍然大悟，他流着泪水，将鲁本斯拥入怀中。

惯性思维	冲突点	逆向思维
大声制止，可能会使老师受到惊吓，因失去平衡而发生意外	老师不知不觉退至平台边缘	假装要朝作品泼颜料，使得老师为了保护作品主动向前走

没想到吧

当看到恩师处于危险的情境中时，鲁本斯故意装出要破坏壁画的危险意图，促使莫里斯做出保护壁画的行动，从而脱离坠亡的危险。这便是“以危制危”的妙处。

当有人即将做出不良行为时，比起告诫对方这样做要面临严厉惩罚，不如假装制造另一个相关危机，反而能更有效地促使其为避免更严重的后果而停止不良行为。

限购的洗衣粉

小镇唯一的一家日用百货商店面临一个棘手的问题：库房积压了大量洗衣粉。尽管经理宣布降价 10% 处理，但一个月过去了，洗衣粉依然销不动。

这个问题像一块沉重的石头压在经理心上。然而，他并没有就此放弃。终于有一天，他想出了一个绝妙的招数。他在店门口贴出了一张广告，上面写着："本店出售洗衣粉，每人仅限购一袋，两袋及以上则加价 5%。"

这条广告立刻引起了行人的广泛关注，人们纷纷停下脚步，好奇地猜测广告背后的含义，如"是不是洗衣粉又要涨价了？""难道洗衣粉原料短缺？"……

于是，顾客们开始争先恐后地购买

洗衣粉。有的人不惜排几次队购买，有的人动员家人和朋友一起来购买，有的人甚至愿意多付5%的费用，也要多囤几袋。

没几天，这批滞销的洗衣粉便一售而空。

惯性思维	冲突点	逆向思维
加大折扣力度，但可能会造成较大损失	商店打折售卖商品，但无人问津	抬高商品价格，制造稀缺假象，吸引顾客购买

没想到吧

打折都卖不出去的洗衣粉，经理却凭借限购和加价策略制造出商品稀缺的假象，从而激发了消费者的购买欲望，最后一售而空。有时，逆势而上，方能乘风破浪。

在竞赛活动中，如果参与者士气低落，作为组织者的你可以尝试设定更高、更大的目标。这看似反常，说不定更能激发大家的斗志和获胜欲望。

乞丐推销员

一天，著名演艺大师朗林杜拉来到一个小镇准备演出。演出前，他偶遇一个乞丐。朗林杜拉对乞丐说："我要雇用你。"乞丐欣然接受这份工作。

朗林杜拉带着乞丐回到马戏团，交给他两块砖头，并给他一个任务：沿着街道转圈，去的时候放下一块砖头，回马戏团时用手上的砖头换下街上的那块，如此循环往返，但不能和任何人说话。乞丐虽然疑惑，但还是答应了。

乞丐第一次走过街道时，人们对他的怪异举动充满好奇；第二次走过时，有不少人驻足观看……到了第五次，街上已经聚集了一大群人在讨论乞丐到底在做什么。每次乞丐回到马戏团，都有很多人跟随他进场买票，想看看他

到底在干什么。而一旦他们进了马戏团，就很快被精彩的演出吸引住了。

仅第一天，乞丐的举动就成功吸引了成百上千人进入马戏团观看演出，其中还有许多人因此成了朗林杜拉的忠实支持者。

惯性思维	冲突点	逆向思维
张贴海报，大肆宣传，以期获得更多人的关注	准备演出，要吸引观众	制造悬念，让观众跟着悬念主动走进马戏团

没想到吧

悬念是吸引力的推进器，更是动力的强劲引擎。朗林杜拉正是借助悬念的力量，不费一张海报，无需一句宣传，便吸引了许许多多的观众。

在演讲中，如果担心听众走神或者对演讲内容不感兴趣，可以在开头讲述一个引人入胜的故事、提出一个令人惊讶的事实或者设置一个闻所未闻的难题。这样的悬念，定能牢牢抓住听众的注意力。

埋不了的驴子

112

有一天，一个农夫的驴子不小心掉进了一口枯井里。枯井很深，驴子年纪又大，几个小时过去了，农夫想尽了一切办法，却依旧没能把它救出来。

农夫认真斟酌了一下，觉得这头驴子年纪大了，不值得自己大费周章，便决定放弃它。但他又想，无论如何得把这口井填起来，免得其他人或动物再掉进去。

于是，农夫跑去请左邻右舍帮忙。大家人手一把铲子，将泥土铲进枯井。驴子意识到自己的处境后哭了起来。可很快，它就安静下来。农夫好奇地探头往井底一看，眼前的景象让他大吃一惊。当泥土落在驴子背上时，它竟将泥土抖落在一旁，然后踩在脚下。

就这样，驴子将大家铲在它身上的泥土全部抖落在井底，再站上去。很快，这头驴子便上升到了井口，随后在众人惊讶的目光中跑开了。

惯性思维	冲突点	逆向思维
认栽，但不甘心；大哭，但没人在意	驴子想逃出枯井，但人们想埋它	将绝境中的祸患——泥土，转化成帮助自己脱险的工具

没想到吧

泥土可以将驴子掩埋，也可以将驴子托起。困境中的驴子将本可能致它于死地的泥土转化为助力，在逆境中寻找到脱险的契机。

成长路上，成绩退步、学不好技能等，看似是“祸患”，实则是重新审视自己的好机会。只有将“祸患”变为成长的垫脚石，才能书写属于自己的精彩人生篇章。

正面引导

自动清洁器

113

一对夫妇驱车在乡间旅行，经过一家看似不起眼的小餐馆。饥肠辘辘的他们决定停下来，享受一顿简单的午餐。

太太在借用化妆间时，一推开门便瞧见一盆盛开的鲜花摆放在一张很旧却极为雅致的木头桌子上。化妆间的整洁程度令人惊讶，每一个角落都被打理得井井有条，没有一丝尘埃。出于敬意，太太在离开前，也细心地将洗手台擦拭得一尘不染。

从化妆间出来，太太忍不住对餐馆老板称赞道："那盆鲜花可真漂亮。"老板听后，脸上露出得意的笑容，说道："这位太太，你知道吗？起初，我也为化妆间的整洁问题头疼不已，来来往往的人们并不愿意为保持它的整洁干净花费一点儿时间和精力，直到我在那里摆了一盆鲜花。这样的状况已经持续十多年了，你绝对想不到那小小的一盆花竟成了一个自动清洁器。”

惯性思维	冲突点	逆向思维
多花精力打扫，贴上提醒标语等，但不易引起他人重视	想要保持整洁，但无人在意	摆上一盆鲜花，营造干净整洁的氛围，使人不忍心破坏

\没想到吧/

美好的事物人人爱惜。餐馆老板用一盆鲜花提升了化妆间的整体美观度，进而促使顾客更加自觉地保持环境的整洁。这便是正面引导的妙处。

我们在学习中也需要这样的正面引导。例如，在家中张贴鼓舞人心的海报和贴纸，可以创造一个积极的学习环境。当你感到沮丧或想要放弃时，这些海报和贴纸会提醒你坚持不懈，激励你克服困难、勇往直前。

尖底桶的刺激

有位国君想选一位使者出使别国，经过层层筛选后确定了两位候选人。国君难以抉择，便去请方丈帮忙。

方丈听完国君的请求后，带着国君和两位候选人来到斋房。斋房里摆放着几种水桶。方丈对两位候选人说：“你们每人选一对桶，从山脚挑一担水上来，先到达山顶的人当选。”第一个人选择了两个最小的桶，第二个人选择了两个尖底的桶，然后他们就下山去挑水了。

他们走后，方丈和国君打起了赌。国君认为选小桶的人会先到达，方丈则认为选尖底桶的人会先到。

一个时辰后，选尖底桶的人果然先到达山顶。方丈问他为什么要选择尖底桶，他回答道：“这种水桶没有办法平放在地上，否则水会倾倒出来。为了完成任务，我只能马不停蹄，一口气把水挑上山。”

随后，挑小桶的候选人也到达了山顶。他愧疚地说：“唉，我以为小桶省力，轻轻松松就能获胜，所以一直不紧不慢地走着。没想到……”

惯性思维	冲突点	逆向思维
选小水桶，因为省力且轻便，走得更快	比赛挑水上山，但要选择水桶	选尖底桶，化压力为动力，逼自己以最快的速度到达山顶

没想到吧

有时候，负重前行可能会走得更快。大多数人都和第一个人一样，认为尖底桶会成为阻碍，平底小桶会成为助力。可谁也没有料到，正是尖底桶的缺点，迫使第二个人马不停蹄地到达山顶，取得成功。

学习也是如此。适当的压力可以激发我们内在的动力，从而提高专注度，认真学习；长期处在过于安逸的环境中，反而可能会让我们丧失刻苦学习的斗志。

小电风扇显大神通

115

在一家著名的日用品企业里，工人们忙碌地操作着新引进的香皂包装流水线。这条流水线本是提升效率的秘密武器，没想到，它却给这家企业带来了大麻烦。因为不断有用户投诉，说买到了空的香皂盒。

公司高层紧急召开会议，商讨对策。他们首先提出了人工检查的方案，但这个方法效率低下且容易出错，很快就被否决了。于是他们又花高价请来了一个专家小组，设计了一台高科技的X光透视检查设备。这台设备只要检查出空的香皂盒，就会用机械臂自动取走。就这样，公司虽然付出了高昂的代价，但问题得到了圆满解决。

无独有偶，另一家小公司也遇到了同样的问题。但老板买不起X光透视检查设备，工人们只好自己想办法解决

问题。一个工人向公司申请购买了一台电风扇，他将电风扇放在流水线的另一头，调整好风力，只要是空盒就会被吹走。一台小电风扇就解决了大麻烦。

惯性思维	冲突点	逆向思维
人工检查，效率低下；安装新设备检查，价格昂贵	新的包装流水线总是漏装香皂	以简克繁，用电风扇把空香皂盒吹走

没想到吧

最简单办法的往往是最聪明的办法。小公司的工人没有考虑复杂的技术手段，而是以简单、低成本的方式解决了看似复杂的难题。

同样，当我们的家被杂物侵占，空间不够时，不必急于购买更多的收纳工具。相反，我们可以先从源头着手，清理那些很少使用的不必要物品。通过以简克繁的策略，释放更多空间，让生活更加舒适。

“放弃”比赛，赢得冠军

116

在学校举行的智力竞赛中，数百名选手经过激烈角逐，最终有六名聪明的选手脱颖而出，进入决赛。

决赛在教学楼的六间教室里进行，每位选手需要用一句话让门外的警卫放他们出来，且有两个条件：第一，不能硬闯；第二，不能让警卫跟着走到大厅。

决赛当天，六位选手满怀信心地走进了各自的教室。但三个小时过去了，没有一个人发出声响。直到一个学生的声音打破了沉默：“警卫叔叔，这场比赛太难了，我不想参加了，请您让我出去吧。”警卫听了，打开了教室门，让那名选手走了出来。

选手垂头丧气地走出大门，警卫看着他的背影摇了摇头，似乎在为他放弃比赛感到惋惜。然而，这名选手又回来了，他自信地走到大厅，对校长说：“校长，您看，我已经按照您的要求做到了！”校长惊喜地竖起大拇指说：“恭喜你，你是这次竞赛的胜出者！”

惯性思维	冲突点	逆向思维
假装有突发情况，请求出门，但成功的可能性很小	需要出门，但警卫不开门	假装临阵退缩，请求退出，使警卫信以为真，成功出门

没想到吧

要想跳起，必先蹲下。面对“如何一句话出门”这个难题，获胜选手放弃了常规思维，以退为进，请求退出比赛，巧妙地绕开比赛规则的限制，从而达成“被放出来”的目的。

后退，是为了更好地前进。在和好朋友拌嘴、闹矛盾时，如果互不相让，就会两败俱伤。若双方都懂得适时退让，便能收获珍贵的友情。

宋太祖以愚困智

117

南唐后主李煜派能言善辩的徐铉来给宋太祖进贡。按照惯例，大宋朝廷需派一位官员陪同入朝。朝中众人都知道徐铉巧舌如簧，怕被他耻笑而不敢前往。宰相犯了难，只好奏请宋太祖定夺。

宋太祖深知徐铉的学问和为人，便下旨要求呈上一份不识字的殿侍名单。名单呈上后，宋太祖看了一眼，用笔随便一点，说："此人可以。"大臣们都感到十分惊讶，但也不敢提出异议。

被点名的殿侍还没弄清楚怎么回事，就糊里糊涂地陪同徐铉上路了。从渡江起，徐铉便滔滔不绝地讲了起来，令同船的人叹服不已。唯独陪同他的这位殿侍默不作声，除了点头应和，其他时候一言不发。

徐铉见他不发表意见，不回答问题，只一味点头，猜不出他到底有多大能耐，只好硬着头皮继续讲。就这样一连讲了好几天，徐铉自觉无趣，也不吭声了。

惯性思维	冲突点	逆向思维
选一个更加能言善辩、才学出众的人，但没人愿意去	要选个人应付巧舌如簧的徐铉	选个愚笨的、无口才的人，使徐铉的才学无处发挥

没想到吧

徐铉巧舌如簧，然而在愚笨的殿侍面前，得不到任何回应，就如同一个人全力挥出重拳，却打在了软绵绵的棉花上，有力无处使。这便是“以拙制巧”的奇妙所在。

如果有同学用言语挑衅你，此时你不妨保持沉默。沉默会让对方的挑衅失去着力点，避免陷入毫无意义的争吵，进而巧妙地化解矛盾。

音乐盒的启发

118

布朗在一家大公司是一个默默无闻的小职员。虽然一直很努力，却没有得到提拔的机会，他因此十分沮丧。

一天晚上，布朗要去地下室取东西。地下室没有电，布朗想找一支蜡烛。但除了一个灯光微弱的音乐盒，实在没有别的照明工具了，布朗只好带着它去了地下室。在黑暗的地下室里，音乐盒的小彩灯仿佛变成了璀璨的星星，散发着耀眼的光芒。布朗也顺利找到了要找的东西。

夜里，布朗脑海中不断浮现出音乐盒的光芒。他想，在大公司，小职员的光芒很容易被掩盖，也许在小公司就能像地下室的音乐盒一样绽放光彩。

几天后，布朗决定辞职，加入一家小企业，从市场部小职员重新开始。凭借丰富的经验和过硬的实力，他很快被提升为项目部主管。但他没有久留，又跳槽到一家更大的公司，担任总经理一职。后来，布朗成了一家跨国大公司的董事长。

惯性思维	冲突点	逆向思维
继续努力工作，夯实自己的业务能力，等待晋升机会，但机会小	大企业的小职员渴望被提拔	从大平台转向小平台，脱颖而出的机会更大

\没想到吧/

有时候，大处难有作为，小处大有可为。大环境中，即使是大的成就也有可能被淹没，恰似光亮处的小彩灯，微弱而不起眼；小环境中，即使是小的成就也可能被放大，就如黑暗中的小彩灯，璀璨而夺目。

人才济济的学校里，人人都渴望成为耀眼之星，但要获得所有人的关注难上加难，倒不如先从本小组、本班脱颖而出，逐步绽放光芒。

女孩的妙计

在一个实验室里，一群科学家正围着一张圆桌展开激烈讨论。他们面临的难题是要设计出一款能让宇航员在失重的太空环境中方便握持、流畅书写，且不能漏墨，不容易干涸的笔。

几个月过去了，科学家们提交了一个又一个方案，但都被驳回。无奈之下，他们只得向公众征集解决方案。

征集令发出后，信件如雪花般从全国各地飞来。科学家们筛选着一封封来信，直到有一天，一个粉色的信封引起了他们的注意。里面只有一张画着可爱图案的便签纸，上面用稚嫩的字体写着一行字——为什么不用铅笔呢？

这个建议来自一个名叫艾米的女孩。她的想法十分简单直接，铅笔不需要灌墨水，书写流畅，在失重的太空环境中使用根本不存在问题。

科学家们面面相觑，继而大笑起来。他们怎么没想到呢？

惯性思维	冲突点	逆向思维
运用先进的技术手段不断优化和改进太空笔，但没有成功	需要书写流畅、不漏墨的笔	摒弃复杂、高端的思路，针对问题核心，选用最简单的方式

没想到吧

当科学家们在复杂的高科技领域苦苦思索、绞尽脑汁时，小女孩的方案简单得令人感到意外，却直击问题核心，轻松化解难题。

现代学习用具集成了大量电子功能，在选购时常常让人眼花缭乱。我们不妨采用“返璞归真”的策略，在符合自己审美的基础上，摒弃那些华而不实的功能，回归学习用具的实用本质。

博士去当录入员

120

有一位计算机专业的博士，毕业后四处求职，却屡屡碰壁。原因在于当时计算机行业正处于低谷，且博士的薪资要求又比较高，所以许多公司都不愿意录用他。

经过一番深思熟虑，他决定拿着自己的高中毕业证去求职。很快，他就被一家公司录用为程序录入员。

不久后，老板发现他竟然能够找出程序中的错误。这时，博士亮出了自己的大学文凭，老板惊喜地发现原来他是一名大学毕业生，立刻给了他一个更合适的职位。

又过了一段时间，老板发现他时常能提出许多独到且有价值的建议，再次对他刮目相看。这时博士又出示了自己的硕士学位证书，老板毫不犹豫地提拔了他。

随着时间的推移，博士的能力和才华越发凸显，老板开始怀疑他的真实水平。终于有一天，博士展示了自己的博士学位证书，老板这才恍然大悟。此时，老板对他的水平已有了全面认识，毫不犹豫地重用了他。

惯性思维	冲突点	逆向思维
降低自己的薪酬期待，扩大求职范围，但结果未知	行业低谷，博士求职难	隐藏高学历，以低学历身份入职后再逐步展示自己的能力

没想到吧

在行业处于低谷的形势下，博士隐藏自己的高学历身份，避免了与市场需求的直接冲突，从而巧妙地绕过了可能持续碰壁的困境。

在新的社交圈子中，不要急于展示自己的成就和优点，应当保持谦逊的态度，多倾听。等对彼此的了解加深后，再适时地分享自己的经历和见解，这样更有助于建立良好的人际关系。

懒马上坡

一位马夫赶着一匹马，拉着一车沉甸甸的煤，准备爬上一个长长的坡。可这匹马出了名的懒散，这次也不例外，它拉着车走到坡道的三分之一处便停下了脚步，任凭马夫如何吆喝、鞭策，它依旧岿然不动。

无奈之下，马夫只好招呼同行的马车停下，从同伴那里借来一匹强壮的马。但马夫并没有将借来的马套在车上，而是将牵引绳系在了自己那匹懒马的脖子上。

随着马夫一声吆喝，借来的马拉着懒马，懒马又拉着装煤的车子，很快就上了坡。

也许你会感到奇怪：借来的马往前冲，懒马不愿意走，不是会拉扯脖子，使它受伤吗？

其实不然。用借来的马去拉懒马的脖子，可以迫使懒马快步紧跟，使出全力，拼命拉车前进。因为，如果它不这么做的话，脖子很有可能被拉断。因此，在求生欲的驱使下，懒马不得不跟着前进。

惯性思维	冲突点	逆向思维
用力鞭策，或者用食物诱惑懒马前进，但都很被动	懒马拉车爬坡道，不肯前进	给懒马制造风险，迫使它出于求生本能不得不跟着一起前进

没想到吧

马夫采用了以危促进的方式，通过潜在的惩罚，即脖子被拉断的风险，迫使懒马为了避免痛苦，不得不跟着借来的马一起前进。

如果你的爸爸想要减肥，但缺乏动力，一直没有付诸行动，那你可以建议他给自己设定一个以危促进的措施。比如，如果没有在规定时间内达成减肥目标，就必须接受一次惩罚。

给上司找工作

迈克是一家知名企业的高级主管，他热爱自己的工作，对公司提供的丰厚薪水十分满意。然而，他对自己的上司厌恶至极，几乎到了忍无可忍的地步。经过深思熟虑，他决定求助于猎头公司，希望能换一个环境，摆脱这份煎熬。

猎头公司非常看好他的资历和经验，他们向他保证，以他的条件，找到一个类似的职位轻而易举。

第二天，迈克再次拜访了猎头公司。但这次，他不是为自己找工作，而是为他那令人讨厌的上司寻找新的工作机会。

几个星期后，迈克的上司接到了猎头公司的电话，他们为他提供了一个诱人的工作机会。上司非常满意，因为他早已厌倦了原来的工作。没过多久，他就接受了新的工作。

最巧妙的是，上司的离开造成一个职位空缺，迈克迅速申请了这个职位，并且顺利地得到了晋升。

惯性思维	冲突点	逆向思维
自己离开，去寻找新的、更好的工作机会	对工作很满意，但讨厌上司	给上司“推荐”新的工作机会，自己留下来

没想到吧

迈克为上司找工作，实则是绕着弯帮助自己。通过改变上司的处境，他间接改善了自己的工作环境，这一策略远比自己盲目离职去闯荡新职场要明智得多。

刚收起的雨伞容易沥水，会弄湿楼道地面，使人摔倒。要求人人沥干水再进来不切实际，而以曲为直，在门口提供可套伞的袋子则简单又有效。

反向选择

票选不支持的人

123

在一所充满活力的大学里，学生会换届选举正如火如荼地进行着。按照选举规则，要从 27 位候选人中选出 19 人。因此，学生们拿到列有所有候选人名字的长长的选票后，需要在上面勾选出自己支持的 19 个人的名字。

这种方法虽然公平，但过程较为烦琐，唱票过程更是像极了一场马拉松赛跑，耗时又耗力。

这一年，选举委员们决定尝试使用一种新的选举方式。选票上依然是 27 位候选人的名字，但这次，参加选举的所有学生需要在选票上勾选出自己不支持的 8 位候选人。

之前，每张选票都要唱票 19 次。而这一次，每张选票只唱8次。这种方法大大节省了时间，选举效率如火箭般飞速提升。气氛也一下子变得紧张又刺激起来，因为大家都好奇最后谁会“票多”而落选。

惯性思维	冲突点	逆向思维
增加监票人选，加快唱票统计速度，但容易出错	从27个人里选19个，难统计	选出自己不支持的人，减少唱票次数，缩短唱票时间

没想到吧

在传统的选举中，选民需要从27位候选人中选出19人，这就意味着每张选票上需要标记19次。而反向选择策略要求选民只标记8位不支持的候选人，这大大减少了唱票次数，节省了时间。

不得不说，这个反向选择的策略与我们在考试时用的排除法极为相似。当我们无法确定正确选项时，可以逐个排除错误选项。

不一般的汽车销售员

刘志华的车有些老旧了，他想换辆新的。于是，他驱车来到汽车城，想要物色一辆心仪的好车。

各大汽车公司的销售人员热情似火，得知他要卖旧车换新车后，纷纷采用“对比法”刺激他做出决定。他们将新车夸得天花乱坠，将旧车贬得一文不值。刘志华听了内心有些不悦，因此，他迟迟没有下手。

没过多久，汽车城新开了一家车行。刘志华走了进去，销售人员没有急于向他展示新车，反而要求先看看他的旧车。销售人员仔细端详了一番旧车后，平静地说：“先生，您的旧车其实还能再开一段时间，您可以等一段时间再换新车。如果到时候您还有需求，欢迎随时联系我。”说完，他递给刘志华一张名片，便礼貌地离开了。

刘志华见过太多急于推销的销售人员，这种劝顾客先别买新车的还真是头一次遇到。于是，刘志华当下便决定向这位销售人员订购一辆新车。

惯性思维	冲突点	逆向思维
极力宣传新车的优势，贬低旧车的价值，但容易使顾客感到反感	想要劝说顾客卖旧车，买新车	不急于推销新车，客观评价旧车，以削弱顾客的防备心理

没想到吧

新车行的销售人员没有急于推销新车，而是劝说顾客继续使用旧车。这种不按常规出牌的方式让顾客感到意外和真诚，从而削弱了防备心理，最终顾客主动做出购买新车的决定。

买东西时，我们常采用“欲擒故纵”的策略来讨价还价。先表现出不是迫切需要的样子，销售员为了促成交易，往往会主动提供折扣或优惠。

妙计获授权

富兰克林·罗斯福在参与竞选美国第32任总统之际，遭遇了一次重大的危机。竞选团队为罗斯福精心制作的宣传画册中，不慎使用了一张未经授权的照片，直到印刷前一周才发现。这张照片的肖像权归罗斯福所有，版权却属于一家照相馆。

竞选团队意识到，联系照相馆获得授权，对方可能会趁机索要高额费用。但此时更换照片也颇为麻烦，何况还找不到更合适的。最终，竞选团队发布了一个征集通知，宣布他们将以竞标的形式为竞选画册挑选一些有特殊意义的照片。

当地照相馆看到这一通知后，纷纷不惜重金前来参与竞标，因为他们清楚，这是一次难

得的宣传机会，能带来巨大的广告效益。

最终，拥有罗斯福照片版权的照相馆被竞选团队选中。这样，竞选团队不仅顺利解决了版权问题，还巧妙地让照相馆支付了一笔费用。

惯性思维	冲突点	逆向思维
主动请求照相馆的授权，但可能被要高价；换照片，但来不及	不慎选用了一张未授权照片	创造竞标机会，让照相馆为了广告效益，主动提供照片

没想到吧

竞选团队通过照片征集活动，让照相馆主动参与竞标并支付费用，从而成功地将原本被动的局面扭转了过来。

假如你的家庭作业总是因字迹不工整而被老师批评，不要消极对待。你可以诚恳地向老师道歉，然后主动邀请老师提出具体的改进意见。如此一来，你便从被批评的对象转变为积极寻求进步的好学生了。

分享名贵的花种

从前，有一个荷兰商人费尽周折从遥远的非洲引进了一种极其名贵的花卉。他满心期待着靠这些花大赚一笔，于是在自己的花圃中精心培育它们，一粒种子也不舍得给别人。

第一年，花开得绚丽多彩，美不胜收。然而，到了第二年，他培育出了五六千株，但花的品质有所下降，花朵变小且有杂色。第三年，他已经培育出了上万株，可花朵变得更小，花色也差了很多。商人困惑不已，于是去请教植物学家。植物学家查看后弄清了原因。原来是商人家隔壁的花圃种着普通花卉，而商人那些名贵的花因为被风传授了这些普通花朵的花粉而退化了。

听了植物学家的话，商人陷入了沉思。最终，他

决定慷慨地将花种分享给邻居们，让大家一起种植这种名贵花卉。

第二年春天，他们这一带的花圃成了花的海洋，花朵肥硕，花色典雅。这些花一上市便被抢购一空，商人和邻居们都收获了丰厚的财富。

惯性思维	冲突点	逆向思维
想办法隔离邻居家的普通花种，但成本很高	名贵花种受环境影响退化	将名贵花种分享给邻居一起种，共同获利

没想到吧

很多时候，“我”加上“们”，能够成就更好的“我们”。荷兰商人听了植物学家的话后，将花种分享给邻居一起种植，提高了花卉质量。

好朋友之间分享学习经验亦是同理。分享进步经验，一个人的进步能带动大家共同进步。如同星星之火，可以燎原，每一个个体在集体的进步中又可以实现自我提升，进而成为更好的自己。

铁匠教子

从前有一位手艺精湛的老铁匠，他有个好吃懒做的儿子，为了儿子的事，他伤透了脑筋，操碎了心。

一天晚上，儿子又喝醉酒回到家。老铁匠生气地说：“从明天起，你必须自己赚钱养活自己，否则就别进家门。”

第二天，儿子准备硬着头皮去找活干。母亲悄悄塞给他一些钱说:“你出去玩，晚上就说这钱是你挣的。”

晚上，儿子装出疲惫的样子把钱交给老铁匠。老铁匠看了一眼就将它们丢进了火炉。他冷冷地说：“这钱不是你挣的，你真没骨气。”夜里，儿子辗转难眠，暗下决心要自己赚钱。

三天后，他捧着钱回来了。可老铁匠又将它们扔进火炉。儿子发疯似的冲向炉子，绝望地喊:“这钱是我辛苦挣来的！

我去饭店劈柴、洗碗，去木器店锯木头，还去铁匠铺打铁。”

老铁匠拍着儿子的肩说：“现在知道赚钱辛苦了吧！”儿子终于明白了父亲的良苦用心。从此，他改掉了坏毛病，变成了勤劳的手艺人。

惯性思维	冲突点	逆向思维
给予表扬或鼓励，激励他一直保持勤奋	让好吃懒做的儿子去挣钱	把儿子辛苦挣来的钱扔进火炉，让他体会挣钱的不易

没想到吧

一向好吃懒做的人去工作挣钱，按照惯性思维，理应给予肯定与表扬。然而，铁匠却选择将儿子辛苦挣来的钱扔进火炉，让儿子目睹自己的劳动成果被轻易毁掉，从而深刻体会到赚钱的不易。

如果你一直未能培养起阅读习惯，也可采用“逆促奋进”策略。例如，告诉自己，若在规定时间内未读完一定数量的书，就减少一部分娱乐活动。

200 美元的拖鞋

琼斯和艾莉在海滨度假酒店度过了四天愉快的假期。准备退房时，酒店经理拿出的账单上赫然显示他们每天都消费了一盘水果。琼斯满脸惊讶，指着账单质问经理："这些果盘里的水果我们一块都没碰过，为何要收我们的钱呢？"

经理却理直气壮地回应："这些水果天天都放在你们的房间里，你们不吃是你们的事，可不能怪我收费。"

这时，艾莉不紧不慢地走过来，拿起笔划掉了账单里的果盘费。经理急忙问道："你这是在干什么？"艾莉平静地回答："因为你们用了我的拖鞋，每天 50 美元，我们住了四天，一共 200 美元。"

经理大声嚷道："你在胡说什么？我们根本就

没有用过你的拖鞋！”

艾莉微微一笑，说道：“可它就在你们的酒店里啊，和那盘水果一样。”经理顿时哑口无言。

惯性思维	冲突点	逆向思维
据理力争，或者投诉，但可能会引发更多争执和不愉快	没有吃过的水果也要收费	用不合理的逻辑来反击不合理的收费行为

没想到吧

艾莉巧妙地运用了与酒店经理同样不合理的逻辑，让酒店经理哑口无言，从而有力地反击了不合理的收费行为。

面对他人的不合理要求时，我们也可借鉴这一策略。比如有同学常以互相帮助为由把事情推给你，你可以回应：“既然要互相帮助，那你帮我做吧。”如此一来，便能让对方认识到自己要求的不合理性。